Christian Frank

Die Einführung von Händlerstandards für erfolgreiche Modell-Neueinführungen als eine Corporate Identity-Maßnahme am Beispiel Mazda Austria GmbH

IGEL Verlag

Christian Frank

Die Einführung von Händlerstandards für erfolgreiche Modell-Neueinführungen als eine Corporate Identity-Maßnahme am Beispiel Mazda Austria GmbH

1. Auflage 2009 | ISBN: 978-3-86815-276-0

Die Deutsche Bibliothek verzeichnet diesen Titel in der Deutschen Nationalbibliografie.
Bibliografische Daten sind unter http://dnb.ddb.de verfügbar.

IGEL Verlag

Inhaltsverzeichnis

Abbildungsverzeichnis

Abkürzungsverzeichnis

bzgl.	bezüglich
bzw.	beziehungsweise
ca.	circa
CB	Corporate Behaviour
CC	Corporate Communication
CD	Corporate Design
CI	Corporate Identity
d. h.	das heißt
etc.	et cetera
inkl.	inklusive
lt.	laut
Nr.	Nummer
POS	Point of Sale
PR	Public Relation
usw.	und so weiter
z. B.	zum Beispiel

Gleichheitsgrundsatz

Aus Gründen der Lesbarkeit wurde in dieser Arbeit darauf verzichtet, geschlechtsspezifische Formulierungen zu verwenden. Jedoch möchte der Verfasser ausdrücklich festhalten, dass die verwendeten maskulinen Formen für beide Geschlechter zu verstehen sind.

1 Einleitung

Heutzutage sind Unternehmen Entwicklungen des Marktes ausgesetzt, die ein schnelles Anpassen an veränderte Wettbewerbssituationen erfordern. Gesättigte Märkte, austauschbare Produkte, kurze Produktlebenszyklen, zunehmende Flopraten oder das Kopieren von Markterfolgen sind Ergebnisse, die aus veränderten Umfeldbedingungen resultieren und den dynamischen Wandel beschreiben. Das Vertrauen in die Einzigartigkeit der Produkte nimmt ab. Gleichzeitig ist eine Entwicklung in der Gesellschaft bemerkbar, die eine Verschiebung der Wertepriotitäten mit sich zieht. Unternehmen müssen heutzutage in einem komplexen Umfeld agieren, z. B. wird das Vermarkten von Produkten, bedingt durch den aktiven und kritischen Konsumenten, immer zu einem komplexer und schwieriger werdenden Prozess.

Auch der vertriebliche Auftritt am POS spielt sicherlich in der Automobilbranche die Rolle eines zentralen Parameters der Markenführung. Diese Erkenntnis mag trivial erscheinen, doch ist es dem Auftraggeber, der Mazda Austria GmbH, ein großes Anliegen, die vertrieblichen Auftritte am POS und deren Komplexität näher zu beleuchten, zu analysieren und in einem weiteren Schritt zu standardisieren.

Die Mazda Austria ist als Generalimporteur von Mazdas ihren rund 150 selbstständigen Händlern in Österreich verpflichtet, sie in einem immer komplexer werdenden Unternehmensumfeld in allen Unternehmensaktivitäten zu unterstützen. Betrachtet man den österreichischen Automobilmarkt, so stellt man schnell fest, dass dieser sehr stark von deutschen Automarken geprägt ist. Mit deren hohen Absätzen und den damit verbundenen hohen Marktanteilen ist es ein Muss, solche Marken als Benchmark zu betrachten. Dies muss von der Entwicklung bis hin zur Vermarktung des Fahrzeuges der Fall sein. Bei allen Betrachtungen darf aber nie auf eine starke Eigenständigkeit und Unverwechselbarkeit des eigenen Produkts und der Dienstleistungen vergessen werden.

Auf Grund des dynamischen Wandels und der Notwendigkeit eines einheitlichen Kommunikationsauftretens bei Modell-Neueinführungen beschäftigt sich die vorliegende Untersuchung mit der Komplexität von Modell-Neueinführungen und deren strukturierten Abläufen sowie Aktivitäten und der damit verbundenen importeurseitigen Vorgaben und Richtlinien. Mögliche Erkenntnisse aus der Theorie werden in die Praxis umgesetzt. Generell wird versucht, sich diesem Thema mit einer größeren Transparenz als bisher zuzuwenden und dieses näher zu erläutern. Auf Grund dessen ist die vorliegende Untersuchung in zwei Hauptteile untergliedert, die in Punkt 3.5 noch näher erläutert werden.

2 Firmenvorstellung

Die Gründung der Firma Mazda Austria GmbH wurde im Jahre 1969 vollzogen. Dem damaligen Gesellschafter Rolf Knoch gelang es, einen Importeursvertrag mit Mazda auszuhandeln. Als Firmensitz wurde Klagenfurt auserkoren, und im September begann Mazda Austria mit 50 selbstständigen Händlern, die bislang unbekannte Automarke zu vertreten.

„Platz da für Mazda!", mit diesem Slogan der siebziger Jahre machte Mazda erstmals auf sich und seine Produkte aufmerksam. Schon nach kurzer Zeit wusste man, dass man bei Mazda ein qualitativ erstklassiges Fahrzeug mit sensationeller Ausstattung zu einem phänomenalen Preis erstehen konnte. Und so dauerte es für die No-Name-Marke nicht lange, um sich ein prägnantes Markenprofil zu erarbeiten, das sich auch in respektablen Zulassungszahlen niederschlug. Schon 1971 wurde mit 5483 Neuwagenverkäufen ein Marktanteil von knapp drei Prozent erreicht. Mazda hatte den Sprung auf den Markt geschafft. Nach der überstandenen Ölkrise 1973/74 und der Übernahme der Mazda Austria durch die Giro-Zentrale (heute „Erste Bank") arbeitete sich die Marke stark nach oben und erreichte in der Zeit von 1975 bis 1992 ihre erste Blüte.

Ende der siebziger Jahre erwarb das weltweit agierende japanische Handelshaus Itochu fünfzig Prozent der Mazda Austria GmbH. Neben stark steigenden Absätzen in den achtziger Jahren wurden Tochterunternehmen wie die „Mazda Bank Austria AG" und die „Mazda Austria Leasing GmbH" gegründet. Im Laufe der neunziger Jahre zählte das Händlernetz bereits 150 Stützpunkte. Im Zuge einer Corporate Identity erhielten alle Händlerbetriebe ein entsprechendes repräsentatives Erscheinungsbild.

Mitunter ein Grund für den Erfolg von Mazda war die Positionierung der Marke in den achtziger und neunziger Jahren. Mit dem Slogan „Ein Mazda müsste man sein!" erreichte man einen spontanen Bekanntheitsgrad von rund 40 Prozent, der auch heute noch gültig ist.

Eine der wichtigsten Entscheidungen des Unternehmens war in den neunziger Jahren der Schritt über die Staatsgrenzen hinaus. Der Zusammenbruch des real existierenden Sozialismus bei den östlichen Nachbarn öffnete einen neuen großen Absatzmarkt. Im Jahre 1992 wurden Tochtergesellschaften in Slowenien und Ungarn, später auch in Kroatien gegründet. Bis zum heutigen Tag exportiert die Mazda Austria in acht europäische Exportmärkte, darunter Bosnien-Herzegowina, Mazedonien oder Rumänien, um nur einige zu nennen, und ist somit das logistische Zentrum für insgesamt 64,6 Millionen Einwohner. Seit 2002 ist die Mazda

Austria zu 50 Prozent Teil der Mazda Motor Corporation in Japan, die weiteren 50 Prozent werden weiter von Itochu gehalten.

Seit 1969 hat Mazda Austria über 500.000 Neufahrzeuge in Österreich abgesetzt, von denen derzeit noch ca. 250.000 zugelassen sind. Mit den 106 Beschäftigten (inkl. Halbtagsmitarbeitern) in der Zentrale in Klagenfurt, 26 in den Tochtergesellschaften und allen Direktexportmärkten wird jährlich ein Umsatz von ca. 300 Millionen Euro erwirtschaftet. Dies entspricht einem Absatz von 15.000 bis 20.000 Neufahrzeugen sowie der gesamten Ersatzteil- und Zubehörteileversorgung. Mittelfristig soll die Marke Mazda in Österreich einen Marktanteil von fünf Prozent halten.

Mazda entschied sich im Jahre 2001, die Neupositionierung der Marke mit der Kommunikationslinie „Zoom-Zoom" einzuführen. Wichtiger Bestandteil auf allen Ebenen ist der „Zoom-Zoom-Song", der auf allen Linien für TV und HV verwendet wird. Die Freude an der Bewegung soll auch bei allen Aktivitäten im Vordergrund stehen. Die kommenden Modelle von Mazda werden klar das Markenbild „Zoom-Zoom", die Freude an der Bewegung, erfüllen. Im Speziellen werden es nach dem Mazda6 der RX-8, der Mazda2 und der Mazda3 sein. Das jüngste Bild von Mazda ist nicht mehr neu für unsere Kunden. Die Kunden erkannten, dass Mazda nicht nur für Qualität steht. Sie erkannten, dass „Zoom-Zoom" die Freude am Fahren und am Benutzen eines Mazdas sind. Somit werden auch in Zukunft alle Kommunikationsmaßnahmen diese Eigenschaften widerspiegeln.

Durch das in den aufkommenden Märkten akkumulierte Know-how und die besondere Konstellation der Gruppe, die auch ein eigenes Zentralersatzteillager führt, hat sich Klagenfurt darüber hinaus zu einem strategisch außerordentlich wertvollen Standort für die Mazda-Europa-Organisation entwickelt.

Neben dem aktiven Verkauf von Neuwagen, Ersatzteilen und Zubehörteilen bietet Mazda Austria seinen Händlern im In- und Ausland eine Reihe von Dienstleistungen an. Diese erstrecken sich von Schulungen über Seminare bis hin zur Bereitstellung von Hard- und Software für Büro und Werkstätte. Ziel ist es, mit dem Einsatz aller Aktivitäten Kunden für die Produkte von Mazda zu begeistern und sie zum Kauf zu bewegen. Als Zeichen dafür, dass Österreichs Händler zufriedene Kunden haben, steht der Preis für die höchste Kundenzufriedenheit innerhalb Europas in den letzten drei Jahren. Mazda Austria ist immer daran interessiert, den Wünschen der Kunden zu entsprechen und deren Meinungen gegenüber dem Werk zu argumentieren.

3 Ausgangssituation

3.1 Beschreibung des Ist-Zustandes

Der Gesamtmarkt der österreichischen Automobilbranche ist in den vergangenen Jahren einem starken Rückgang gekennzeichnet worden. In den letzten Jahren war ein Rückgang von rund zehn Prozent österreichweit zu vermerken. Eine ähnliche Situation widerfuhr auch Mazda, doch 2002 stellte sich als Wende dar. Mitte des Jahres 2002 wurde der neue Mazda6 der Öffentlichkeit präsentiert. Seit diesem Zeitpunkt ging es mit Mazda in Österreich wieder bergauf. Zulassungszuwächse von rund elf Prozent im Jahr 2002 haben der Marke wieder den nötigen Respekt im Mitbewerbsumfeld gebracht.[1] Zahlreiche Auszeichnungen wie die Nr. 1 beim „Österreichischen Automobil-Preis" oder der zweite Platz bei „Car of the year 2002" haben das Image und die Attraktivität der Marke Mazda wesentlich verbessert.

Das Jahr 2003 wird für Mazda Austria und ihre Händler ein weiterer Meilenstein in der Geschichte sein. Die Organisation steht vor der Einführung zahlreicher Sondermodelle, einiger Facelifts und vor allem dreier neuer Modelle, des Mazda2, RX-8 und des Mazda3. Vor allem die drei neuen Modelle sollen der Marke Mazda einen weiteren Vorstoß ermöglichen und die langfristige Wirtschaftlichkeit der Händlerbetriebe sichern. Die neuen Modelle sollen an die Erfolge des Mazda6 anknüpfen und der Marke Mazda einen langfristigen Marktanteil von 5 Prozent erreichen.

Die Händlerorganisation wird sich der Situation stellen müssen, mit einer noch nie da gewesenen Flut an neuen Modellen konfrontiert zu sein. Eine Folge daraus könnte sein, dass der größte Teil der Händler überfordert sein wird, seine Modell-Neueinführungen effizient und rentabel durchzuführen. Mögliche uneinheitliche, unkoordinierte Auftritte der Händler könnten einen wirtschaftlichen Schaden für jeden einzelnen Betrieb und die gesamte Organisation bedeuten. Im Zuge dieser drei Modell-Neueinführungen im Jahr 2003 sollen angesichts der anstehenden Aufgabenstellung Händlerstandards entwickelt werden, die einerseits ein einheitliches Kommunikationsauftreten der Marke gewährleisten und andererseits dem Händler eine aktive Unterstützung in all seinen Aktivitäten rund um eine Produkt-Neueinführung geben.

---

1 Vgl. Pöschl, Gerda; Waldbauer, Johanna; Statistik der Kraftfahrzeuge-Neuzulassungen, Jahresausgabe 2002, Verlag Statistik Österreich GmbH, Wien, 2002, S. 21.

3.2 Problemstellung

Auf Grund der in der Einleitung und Ausgangssituation beschriebenen veränderten Marktsituation stellt sich die vorliegende Untersuchung der Thematik der Vereinheitlichung von Modell-Neueinführungen im Automobilhandel, im Speziellen der Mazda Austria. Seitens Mazda Austria wurde die Kompetenz und die gesamte Durchführung von Modell-Einführungen immer in die Verantwortung der einzelnen Händler gegeben.

Da es bis zum heutigen Tag keine klare einheitliche Linie und keine klar strukturierten Vorgaben bei Modell-Neueinführungen gibt, kam es zu unterschiedlichen Auftritten der Händler in den Punkten „Auftritt nach außen hin", „Präsentation der Fahrzeuge", „Kommunikation zum Kunden", „Durchführung einer Einführungs-Veranstaltung" und „Nachbearbeitung von Modell-Einführungen". Händler wussten teilweise nicht, wie Modell-Neueinführungen zu planen oder Einführungsveranstaltungen zu gestalten sind. Fehlende Unterlagen für eine effektive Händlerplanung, griffige und leicht verständliche Anregungen für Einführungs-Veranstaltungen oder Checklisten für einen optimalen Ablauf der Phase der Modell-Neueinführung fehlten bis zum heutigen Tag und waren Auslöser für diese Situation. Generell liegen Modell-Einführungen immer in einer starken Zusammenarbeit zwischen Hersteller, Importeur und Händler. Abhängig von der Marke ist diese Zusammenarbeit stärker oder schwächer. Um einen einheitlichen Kommunikationsauftritt zu gewährleisten, organisieren gewisse Marken ihre Modell-Einführungen einheitlich, manche weniger.

Hierbei sei noch zu bemerken, dass die Markteinführung möglicherweise ein kritischer Moment mit einer großen Außenwirkung ist. Gutes Marketing und das Abstimmen aller Maßnahmen könnten die Markteinführung wesentlich beeinflussen. Die große Kunst darin besteht, den Markt schrittweise auf das neue Modell vorzubereiten und die potentielle Kundschaft für sich zu gewinnen, um einen Wettbewerbsvorsprung in Profit umzuwandeln.

Im Rahmen der Untersuchung soll analysiert werden, welche Instrumente zu einer Vereinheitlichung des Auftritts bei einer Modell-Neueinführung helfen können und welche Vorteile es für die Marke und die einzelnen Händler mit sich bringen kann. Sollten Modelleinführungen standardisiert werden, welche Inhalte sollten transportiert werden, welchen Vorteil könnte es für die gesamte Organisation bringen? Des Weiteren sollen Vorteile eines Instrumentariums festgestellt werden, mit dem man die drei anstehenden Modell-Neueinführungen im Jahr 2003 im Hause Mazda standardisieren könnte, um einen einheitlichen Kommunikationsauftritt nach außen hin zu gewährleisten.

3.3 Zielkatalog

Der Zielkatalog der Untersuchung ist in theoretische und praktische Ziele unterteilt. Die erarbeiteten Ziele aus der Theorie sollen Grundlage für die praktische Abhandlung sein.

3.3.1 Ziele der theoretischen Arbeit

- Die kritische Analyse und Erarbeitung des CI-Konzeptes im Rahmen von Modell-Neueinführungen in der Automobilbranche. Hierbei geht es um die Analyse, wie Modell-Neueinführungen generell in der Branche gehandhabt werden und ob sich CI-Richtlinien für Modell-Neueinführungen eignen.
- Erarbeitung einer theoretischen Grundlage zur Ableitung eines Instrumentariums, welches zur Festlegung von Händlerstandards für Modell-Neueinführungen geeignet scheint. Dies unter Berücksichtigung, dass ein einheitliches Kommunikationsauftreten nach außen hin gewährleistet ist.
- Die Darstellung genereller Maßnahmen im Zuge von Modell-Neueinführungen.

3.3.2 Ziele der praktischen, konzeptionellen Arbeit

Als mögliches Ergebnis der Untersuchung könnte sich beispielsweise herausstellen, dass das Einführen neuer Modelle mit Hilfe von einer einheitlichen Modell-Einführungsstrategie und klaren Vorgaben in Anlehnung an ein CI-Konzept als erfolgversprechend scheint. Davon ausgehend, sind folgende Punkte Ziel der praktischen, konzeptionellen Arbeit:

- Definieren von Händlerstandards für die einzelnen Phasen erfolgreicher Modell-Neueinführungen zur Gewährleistung eines einheitlichen Auftritts nach außen.
- Das Ausformulieren der zu treffenden Maßnahmen sowie die Erstellung eines Konzepts und die Umsetzung für einen Händler-Modelleinführungs-Leitfaden.
- Erarbeitung von Lösungsvorschlägen zur Implementierung des Konzepts in der Organisation.

Der Auftraggeber wünscht einerseits klare Händlerstandards für Modell-Neueinführungen, andererseits eine konzeptionell durchdachte Arbeitsunterlage, in dem diverse Checklisten und Arbeitsmaterialien jedem einzelnen Händler von der Planungsphase über den Vorverkauf bis hin zur Nachbearbeitung eine Hilfestellung bieten. Weg von unstrukturierten, hin zu detaillierten und klar strukturierten Arbeitsunterlagen, die den Händler unterstützen, ihm Vorgaben geben, auf die er gerne zurückgreift. Generell soll durch die Erarbeitung von einer solchen Unterlage für erfolgreiche Modell-Einführungen ein einheitliches Auftreten der Marke nach außen gewährleistet sein. Des Weiteren soll dem Händler dadurch eine aktive Unterstützung gegeben werden. Langfristig solle eine Steigerung des Markenimages und eine Verbesserung der wirtschaftlichen Lage der Organisation gewährleistet sein.

3.4 Definition der Zielgruppe

Diese Untersuchung, die ausgearbeiteten Gestaltungsvorschläge für einen einheitlichen Außenauftritt, richtet sich in erster Linie an das Topmanagement der Mazda Austria GmbH. Im Speziellen an die Geschäftsführung, die Leitung des Verkaufs und des Marketings. Die Inhalte des praktischen Teils richten sich an alle Händler der Mazda-Organisation. Nach Aufhebung der Sperre der Untersuchung kann der vorliegende Text auch anderen Importeuren eine Hilfestellung bieten, insofern sie noch über keine derartigen Unterlagen verfügen.

3.5 Gang der Untersuchung

Der theoretische Teil beschäftigt sich im ersten Teil mit der Thematik der Automobilbranche. Ferner werden Marketing für Modelleinführungen seitens des Importeurs und der Händler untersucht. Im Weiteren widmet sich die Untersuchung der Thematik der Corporate Identity. Es wird analysiert, ob die Corporate Identity ein mögliches geeignetes Instrument für Händlerstandards für Modell-Neueinführungen ist, bzw. ob es eine Möglichkeit gibt, Modell-Neueinführungen im Hinblick auf eine einheitliche Marketing-Kommunikation zu standardisieren, die gleichzeitig dem Händler eine praktikable Unterstützung bietet.

Der praktische Teil widmet sich der Erstellung von Maßnahmen und dem Definieren von Händlerstandards. Je nach Ausgehen der theoretischen Recherche, widmet sich ein großer Teil der praktischen Untersuchung der Konzeption von geeigneten Maßnahmen für Modell-Neueinführungen.

Im Laufe dieser Untersuchung wird berichtet, ob die CI als ein geeignetes Instrument in Frage kommt oder ob andere Alternativen möglich sind.

Ich glaube, dass das Auto heute das genaue Äquivalent der großen gotischen Kathedralen ist. Ich meine damit: eine große Schöpfung der Epoche, die mit Leidenschaft von unbekannten Künstlern erdacht wurde und die in ihrem Bild, wenn nicht überhaupt im Gebrauch von einem ganzen Volk benutzt wird, das sich in ihr ein magisches Objekt zurüstet und aneignet.[2]

Im ersten Kapitel der Untersuchung wurden das Marketing und die speziellen Gegebenheiten des Automobilhandels sowie die Kommunikation zwischen den einzelnen Parteien dargestellt.

4 Marketing und dessen Vielseitigkeit auf dem Automobilhandel

Um den Stellenwert und die verschiedenen Marketing-Instrumente des Automobilmarktes besser verstehen zu können, ist es erforderlich, grundlegende Strukturen zu akzeptieren. Dazu gehören z. B. die Veränderung im Automobilmarkt und die Beziehung Händler – Importeur.[3]

4.1 Veränderungen der Marketing-Situation im Automobilmarkt

4.1.1 Die Entwicklung des Automobilmarktes und dessen Besonderheiten

Unter Automobilmarkt versteht man zumeist den Markt für Neuwagen. Erst mit dem Verkauf eines Neuwagens werden einige Aktivitäten ausgelöst, die dem Neuwagenkauf teilweise vorgelagert (upstream), teilweise nachgelagert (downstream) sind. Unter „upstream" versteht man z. B. den Markt der Zulieferer oder die Entwicklung. Als „downstream" bezeichnet man alle Aktivitäten, die sich über die gesamte Nutzungsphase eines Fahrzeuges erstrecken, von der Finanzierung über Services bis hin zur Entsorgung.[4]

Die Autobranche, die Konjunkturzyklen unterworfen ist, befindet sich seit dem Jahr 2000 in einem Konjunkturabschwung nach einer Phase stetig

---

[2] Barthes, Roland; in: Automobilmarketing: erfolgreiche Strategien, praxisorientierte Konzepte, effektive Instrumente, herausgegeben von Diez, Willi; 4. Aufl., Moderne Industrie Verlag, Landsberg / Lech, 2000, S. 1

[3] Vgl. Diez, Willi; Automobilmarketing: Erfolgreiche Strategien, praxisorientierte Konzepte, effektive Instrumente, 4. Aufl., Moderne Industrie Verlag, Landsberg / Lech, 2000, S. 25

[4] Vgl. Diez; 2000, S. 25

steigender Verkäufe. Man kann davon ausgehen, dass das Wachstumspotential des Automobilmarktes, betrachtet man es von den Absätzen nach Stückzahlen, nur noch eng begrenzt ist. Ein Wachstum kann z. B. durch das Ausweiten des gesamten Wertschöpfungsumfanges erreicht werden. Nebenbei unterliegt die Branche saisonalen Schwankungen. Das Frühjahr und der Herbst zählen zu den verkaufsstärksten Zeiten. [5]

Die derzeit europaweite Flaute und das Nichtanspringen der Konjunktur bringen in der Automobilbranche einen Rückgang von ca. zehn Prozent im Vergleich zur gleichen Vorjahresperiode in den Zulassungen mit sich. Ein Aufschwung ist noch nicht absehbar.[6]

Der österreichische Automarkt verzeichnete in den letzten Jahren einen starken Trend zum Diesel. Dieser Trend scheint unaufhaltsam. Allein in den letzten dreieinhalb Jahren kam es zu einem 21-prozentigen Anstieg bei neuen Dieselfahrzeugen. Derzeit beträgt der Dieselanteil in Österreich 68,92 Prozent. Manche Hersteller haben die 90 Prozent bereits überschritten.[7]

Bei der Entscheidung der Marke gibt es derzeit eine eindeutige Kaufbereitschaft in Richtung deutscher und japanischer Hersteller zuungunsten französischer und italienischer Fabrikate. Gestiegen ist in den letzten Jahren auch die Nachfrage nach Familienautos und Kompaktwagen. 85 Prozent der Neuwagenkäufe werden über einen Barkauf abgewickelt, lediglich 15 Prozent der Kunden entscheiden sich für eine Finanzierung direkt beim Händler. Für die Mehrheit aller Autokäufer ist der Rabatt ein entscheidender Kaufgrund. Die durchschnittliche Rabatterwartung liegt derzeit bei ungefähr 11,8 Prozent.[8] Teilweise wird auf diese Punkte im praktischen Teil noch näher eingegangen bzw. werden Schlüsse daraus gezogen.

Des Weiteren unterliegt der Automobilmarkt seit Jahrzehnten einem permanenten Strukturwandel, der relativ lautlos erfolgt.[9] Eine der tragenden Überlebensstrategien wird die Partnerschaft Importeur – Händler sein, die eine Stärkung der vertikalen Vertriebsbindung verlangt. Es ist

---

5 Vgl. Diez; 2000, S. 30-32

6 Vgl. http://derstandard.at/Archiv (1. Dezember 2002)

7 Vgl. Rosenhofer, Georg; in: Alles Auto, Heft 11, November 2002, S. 8

8 Vgl. Interview mit Dantine, Wilhelm; Fessel-GfK, in: Eurotax Auto-Info, Nr. 1.544, November 2000, S. 1

9 Vgl. Creutzig, Jürgen; Mittelfristige Entwicklungstendenzen im Automobilhandel, in: Wettbewerbsvorteile im Automobilhandel, herausgegeben von Reuss, Holger; 1. Aufl., Campus-Verlag, Frankfurt / Main, New York, 1995, S. 27

davon auszugehen, dass sich künftig in dynamischen Märkten Systeme besser behaupten als unorganisierte Einheiten.[10]

Eine absehbare Tendenz, die sich in den letzten Jahren aufgrund der schlechten Absätze abzeichnet, ist als Reaktion auf die lean production die lean distribution zu sehen. Man hat erkennen müssen, dass ein Mehr an Händlern auch mehr Konkurrenz untereinander bringt und nicht zu einer Erhöhung des Marktanteiles der gesamten Marke führt.[11]

Neben der Reduzierung der Händlernetze wird in Zukunft verstärkt versucht werden, die Händlermargen zu kürzen. Die durchschnittliche Marge für Neufahrzeuge liegt zwischen 12 und maximal 22 Prozent, durchschnittlich etwa 17 Prozent, gerechnet vom Endkundenpreis.[12]

4.1.2 Der neue Kunde im Automobilhaus

In den letzten Jahren unterlief die Kundenstruktur Entwicklungen, die sowohl die Entwicklung des Gesamtmarktes als auch die Nachfrage in den einzelnen Marktsegmenten beeinflussen. Dabei sind Trends wie die Zunahmen der Singlehaushalte, der Senioren und der weiblichen Führerscheinbesitzer deutlich zu bemerken. Schlüsse aus dieser Erkenntnis sind, dass in Zukunft der derzeitige Besetzungsgrad pro Auto von 1,5 zurückgehen wird. Dies liegt daran, dass sowohl Frauen, Singles oder Senioren ihr Fahrzeug häufiger allein nutzen. Ein Anstieg der Absätze bei Kleinfahrzeugen und altersgerechten Fahrzeugen wird die Folge sein.[13] Aus diesem Grund wird eine genaue Analyse der Bedürfnisse und Wünsche der Pkw-Käufer und deren Umsetzung in konkrete Produkte immer bedeutungsvoller. Zudem wird durch den laufenden Wertewandel innerhalb der Gesellschaft ein Antreiben der Preiselastizität der Konsumenten mittels des Prestiges eines Fahrzeuges und der damit verbundenen und zu erzielenden Zusatznutzen gerade in der Oberklasse immer gängiger.[14]

Da es in der vorliegenden Untersuchung um die Erstellung von Händlerstandards in Bezug auf Modell-Neueinführungen geht und der Vertrieb in diesem Prozess einen zentralen Parameter darstellt, gilt es zunächst mögliche alternative Vertriebswege aufzuzeigen.

---

10 Vgl. Brachat, Hannes; Autohaus Management 2000, 2. Aufl., Autohaus-Verlag, Ottobrunn, 1997, S. 14-15

11 Vgl. Creutzig; 1995, S. 38-39

12 Vgl. Creutzig; 1995, S. 39-41

13 Vgl. Diez; 2000, S. 108-109

14 Vgl. Tscheulin, Dieter K.; Helmig, Bernd; Branchenspezifisches Marketing, 1. Aufl., Gabler-Verlag, Wiesbaden, 2001, S. 571

4.1.3 Alternative Vertriebswege in der Automobilbranche

An dieser Stelle sei noch hinzuzufügen, dass die Veränderungsdynamik im Bereich des Automobilvertriebs und Handels in der Vergangenheit deutlich geringer war als vergleichsweise in anderen Branchen. Einer der Gründe mag darin liegen, dass die Automobilbranche erst in den achtziger Jahren einen Wandel vom Verkäufer- zu einem Käufermarkt vollzogen hat. Eine weitere Besonderheit, die speziell in Europa anzutreffen ist, ist die Tatsache, dass ca. 90 Prozent der Automobilhändler über einen Exklusivvertrag mit dem Hersteller verfügen. So sind beispielsweise in Amerika 70 Prozent aller Handelsbetriebe Mehrmarkenhändler, die als Multi-Franchising-Betriebe geführt werden.[15]

Durch eine vorhersehbare Restrukturierung der Händlernetze in den letzten Jahren wurde eine Welle mit bisher nicht gekannten Strukturen und Vertriebsprozessen losgetreten. Anhand des europäischen Automobilmarktes lassen sich Trends ausmachen, die den Beginn des neuen Jahrhunderts in der Automobilbranche definieren. Mit dem Einzug der gemeinsamen Währung wachsen die Automobilmärkte innerhalb der EU zusammen. Ehemals national ausgerichtete Vertriebsnetze werden vermehrt durch einheitliche Margensysteme und Händlerstandards einander angeglichen. Ferner wird es in den nächsten Jahren, angetrieben durch die europäische Kommission, zu einer Angleichung der Fahrzeugpreise innerhalb der EU kommen. Eine weitere absehbare Entwicklung ist die Zunahme an Flottengeschäften. Das Flottenmanagement, angeboten beispielsweise durch Firmen wie Sixt Leasing, bietet Firmen Full-Service-Kontrakte und Fuhrpark-Reporting. Zudem wird es eine weitere Herstellerkonzentration geben. Die derzeit 17 unabhängigen Automobilhersteller werden sich in absehbarer Zeit auf geschätzte zehn einpendeln. Ableitend von Erkenntnissen aus amerikanischen Befragungen an Pkw-Käufern, bei denen bereits 19 Prozent das Internet im Kaufentscheidungsprozess nutzen, wird das Internet ein wichtiger Neuwagen-Verkaufskanal sein. Ein möglicher Rückgang vom markengeprägten Autokauf, gefördert durch Internet-Brokerwelten wie z. B. autobytel, könnte möglicherweise eine Verlagerung zu einem Multi-Marken-Management hin bewirken. Für die Zukunft gibt es des Weiteren Indikatoren dafür, dass das klassische Autohaus seltener wird und Stück für Stück durch modular aufgebaute Betriebe ersetzt wird. Eine Entbündelung der Basisfunktionen des Autohauses

---

15 Vgl. Diez, Willi; Globale Markenführung prägt Automobilvertrieb, in: Marketing Praxis (Jahrbuch), herausgegeben von Schmengler, Joachim; Fleischer, Arnulf; erscheint jährlich, Handelsblatt GmbH, Düsseldorf, 1998, S. 34

ist durchaus denkbar. Ein Szenario mit Neuwagen-Centern in der Innenstadt, spezialisierten Gebrauchtwagen-Centern und Service-Centern im Umland ist tatsächlich vorstellbar.[16]

Wie bereits im ersten Punkt beschrieben, ist der Automobilmarkt einer ständigen Veränderung unterzogen, der immer neue Herausforderungen mit sich bringt. Im Hinblick auf die Zielsetzung, ein einheitliches Modelleinführungskonzept in der Händlerorganisation einzuführen, gilt es zunächst, die Kommunikation in der Automobilbranche und die komplexe Beziehung zwischen Hersteller / Importeur und Händler zu analysieren.

4.2 Kommunikation in der Automobilbranche

4.2.1 Die Hersteller-, Importeur- und Händlerbeziehung

Der Vertragshändler ist selbstständiger Gewerbetreibender, der auf Grund eines Vertrages mit dem Hersteller oder Importeur betraut ist, im eigenen Namen Waren zu vertreiben. In dieser Beziehung ist der Händler gewissen Weisungen des Herstellers oder Importeurs verpflichtet. Bei diesem Vertriebssystem handelt es sich um einen selektiven Vertrieb. Das heißt, dass die Auswahl der Vertriebspartner über quantitative und qualitative Kriterien erfolgt. Unter qualitativen Kriterien versteht man beispielsweise die persönliche Qualifikation des Händlers und seiner Mitarbeiter oder auch die Erfüllung von betrieblichen Standards. Im Normalfall ist ein Vertragshändlersystem zweistufig aufgebaut.[17]

Neben den so genannten Haupthändlern verfügen die meisten Organisationen über eine zweite Absatzstufe, die so genannten Subhändler. Haupt- und Subhändler stehen ebenfalls in einem Vertragsverhältnis. Zweistufige Vertriebssysteme haben einerseits eine kostengünstige Marktabschöpfung mit relativ wenigen Verkaufslokalen, andererseits die Bereitstellung eines flächendeckenden Service zum Ziel. Unter die bereits erwähnten qualitativen Standards wie z. B. die Leitlinien für eine Corporate Identity fallen beispielsweise noch folgende Punkte:[18]

---

[16] Vgl. Dudenhöffer, Ferdinand; Chancen und Risiken bei der Ausrichtung der Automobil-Vertriebswege für das Informationszeitalter, in: Alternative Vertriebswege, herausgegeben von Tomczak, Torsten; 1. Aufl., Schäfer-Pöschel-Verlag Stuttgart, Stuttgart, 1999, S. 92-100

[17] Vgl. Diez; 2000, S. 314-315

[18] Vgl. Diez; 2000, S. 314-315

- Errichtung eines Geschäftsbetriebes, der in Größe, Ausstattung und äußerem Erscheinungsbild den Erwartungen der Kunden an die Marke gerecht wird
- Herausstellen des Eindrucks der Zugehörigkeit zum Vertriebsnetz des Herstellers durch entsprechende Kennzeichnung
- Verwendung des Herstellerzeichens im Geschäftsverkehr
- Inanspruchnahme der Bauberatung des Herstellers und Berücksichtigung seiner Vorschläge

Das häufigste Betriebssystem im Automobilhandel ist das traditionelle Autohaus, wobei die Organisation in Form eines Komplettbetriebes angelegt ist. Das heißt, dass die vier Kerngeschäftsfelder im Automobilhandel, nämlich Verkauf von Neu- und Gebrauchtwagen sowie die Durchführung des Werkstattgeschäftes und des Teile- und Zubehörgeschäftes, an einem Standort betrieben werden. Eine der Besonderheiten der Betriebsform Autohaus ist, dass sie eine nahezu gleichgewichtige Kombination aus Handels- und Handwerksbetrieb darstellt.[19]

Die Beziehung Hersteller oder Importeur zum Händler war in der Vergangenheit stark durch das „institutionelle Paradigma" gekennzeichnet. Darunter versteht man im Hinblick auf die Vertriebsfunktion des Importeurs eine klare Trennung zwischen der Vertriebsfunktion und der Großhandelsfunktion. Auf Grund von Jahresvereinbarungen mit jedem Händler verfügt der Importeur über ein vertraglich abgesichertes Absatzvolumen, das man auch als „captive market" bezeichnen kann. Das institutionelle Paradigma, das Importeur und Händler als zwei voneinander getrennte rechtliche und wirtschaftliche Einheiten sieht, trennt, was eigentlich zusammengehört. Dadurch wird die Reichweite der Vertriebsverantwortung des Herstellers auf den Verkauf der Fahrzeuge an den Handel beschränkt. Aus dieser Situation heraus sollte man die Überlegung angehen, ob das Konzept des „extended enterprise" nicht doch ein besseres wäre. Darunter versteht man den Gedanken, dass Importeur und Handel letztlich eine gemeinsame Vertriebsverantwortung haben. Es soll zu einer vertikalen übergreifenden Optimierung kommen.[20] Tatsache ist, dass der Händler als selbstständiger Unternehmer allein das volle Absatzrisiko trägt. Meist kommt es jedoch zu einer Reduzierung der eigenen Interessen zugunsten der Marketing-Interessen des Herstellers / Importeurs.[21]

---

19 Vgl. Diez; 2000, S. 359-361

20 Vgl. Diez; 2000, S. 400-401

21 Vgl. Reuss, Holger; Wettbewerbsvorteile im Automobilhandel, 1. Aufl., Campus-Verlag, 1995, Frankfurt / Main, New York, S. 45

In der Diskrepanz zwischen Hersteller / Importeur und Händler hat der Importeur unter Berücksichtigung internationaler Vorgaben immer darauf zu achten, dass die Gesamtstrategie berücksichtigt wird, dass eben die Leitlinien zur CI eingehalten und umgesetzt werden, auch wenn seitens der Händler die Nachfrage nach individuellen Konzepten vorhanden ist.[22]

Internationales Vorgabemarketing und einheitliche Auftritte werden auch als integrierte Kommunikation verstanden, die im nächsten Punkt näher beschrieben wird.

4.2.2 Die integrierte Kommunikation im Automobilhandel

Unter der integrierten Kommunikation versteht man die Abstimmung aller kommunikativen Maßnahmen eines Unternehmens. Abbildung 1 zeigt die Dimensionen der integrierten Kommunikation. Kommunikative Maßnahmen werden herstellerseitig vorgegeben und auf die nationalen Vertriebsgesellschaften sowie den Vertragshändler weitergegeben.

---

[22] Vgl. Fleischer, Helmut; Handelsnahe Werbekonzepte für den Automobilhersteller – Vision oder Praxis, in: Wettbewerbsvorteile im Automobilhandel, herausgegeben von Reuss Holger, 1. Aufl., Campus-Verlag, Frankfurt / Main, New York, 1995, S. 274-276

Dimensionen	Mediawerbung, Public Relations, Sponsoring, Verkaufsförderung, Directmarketing, Eventmarketing, Onlinekommunikation
Hersteller **Nationale Vertriebsgesellschaften** **Vertragshändler**	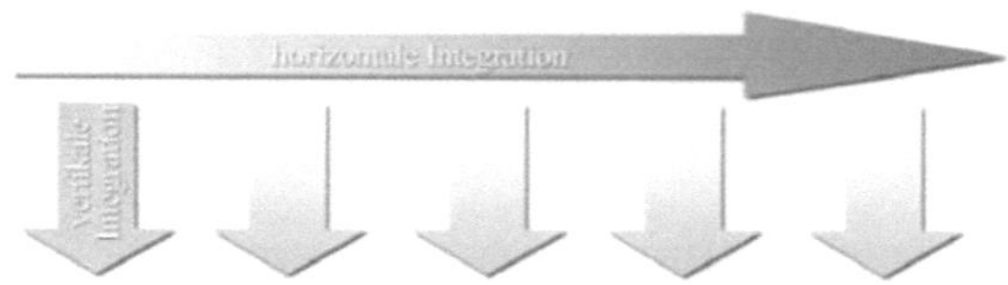

Abbildung 1: Dimensionen der integrierten Kommunikation

Quelle: Diez, Willi; 2000, S. 25

Meist gibt es jedoch unterschiedliche Kommunikationsmaßnahmen zwischen Importeur und Händler. Dies führt in der Regel zu uneinheitlichen Marktauftritten und zu einer Irritation bei den Konsumenten sowie zur Schädigung der Marke. Davon ausgehend, muss man sich die Frage stellen, welche Erfahrung der Kunde macht, wenn er mit der Marke in Berührung kommt. Auch wenn die Strategien es vielleicht verlangen, der Kunde sieht immer nur die Aktivitäten des gesamten Marktes und unterscheidet nicht zwischen den unterschiedlichen Politiken der Markenvertreter. Um das Verwirrspiel einzugrenzen, ist es das Ziel der integrierten Kommunikation, den Kunden in ein kommunikatives Beziehungsgeflecht einzubinden, das von einer einheitlichen Botschaft gesteuert wird. Nur durch diese Art der Kommunikation kann man dem generellen „information overload" und der Zersplitterung der Kommunikationswirkung entgegenwirken. Somit verstärkt die integrierte Kommunikation den Aufbau eines klaren und starken Gedächtnisbildes einer Marke oder Firma.[23] Im Zuge der Marktkommunikation stellt die Corporate Identity das übergreifende Bezugsobjekt dar.

Man kann sie als einheitliche Darstellung des Unternehmens nach innen und nach außen definieren.[24] Eine nähere Erläuterung darüber gibt es in Kapitel 6.

[23] Vgl. Diez; 2000, S. 557-559

[24] Vgl. Diez; 2000, S. 561

4.2.2.1 Umsetzung der horizontalen Integration

Die Integration der Instrumente der Kommunikation, also die Gestaltung des Kommunikationsmix, gehört zu den klassischen betriebswirtschaftlichen Optimierungsproblemen, so gesehen die Abgleichung aller Maßnahmen innerhalb eines Unternehmens und dessen Partner. Ziel soll es dabei sein, dass die Unternehmensleitidee händlerseitig unterstützt wird und dass sie kompatibel ist. Um diese Leitidee bei den Händlern umgesetzt zu sehen, werden Händlerstandards und Vertriebsrichtlinien in den Händlerverträgen integriert. Dies scheint nach wie vor das wichtigste Instrument zur Durchsetzung der herstellerdominierten Markenwerte. Weiters werden den Händlern Gestaltungsvorschläge für Anzeigenwerbungen bzw. Bereitstellung weiterer Werbemittel zur Verfügung gestellt. Die Integration solcher Maßnahmen ist in der Automobilbranche letztlich immer eine Gradwanderung zwischen Herstellerdominanz und Händlerprofilierung.[25]

4.2.2.2 Zielkonflikte zwischen Hersteller / Importeur und Händler

Ein Hersteller, der die konzeptionelle Bearbeitung für einen Markt übernimmt, braucht ein hoch qualifiziertes Händlernetz, ein Händler wiederum braucht einen starken Hersteller / Importeur, der ihn in all seinen Aktivitäten unterstützt. In der Realität kommt es jedoch zu einem Zielkonflikt zwischen beiden. Während der Importeur vom Marktanteilwachstum spricht, verfolgt der Händler seine Überlebenssicherung oder die Sicherung seiner Rentabilität. Während der Importeur ein normiertes Auftreten z. B. mit Hilfe der Corporate Identity durchsetzt, verlangen Händler ein individuelles Auftreten und eine größere Differenzierung. In diesem Zielkonflikt ist es wichtig, dass beide Seiten ihre Erwartungshaltung transparent und mit dem notwendigen Respekt behandeln.[26]

4.3 Zwischenresümee Kapitel 4

Das erste Kapitel des theoretischen Abschnitts dieser Untersuchung vermittelt einen Überblick über die Automobilbranche, insbesondere des Marketings und dessen Vielseitigkeit und Besonderheiten in der Branche. Um bestimmte Rahmenbedingungen näher aufzuzeigen, wurden auch die Veränderung der Kundenstruktur, die Kommunikation und die Beziehung zwischen Importeur und Händler im Automobilhaus beleuchtet.

---

[25] Vgl. Diez; 2000, S. 562-564

[26] Vgl. Brachat, Hannes; 1997, S. 65-67

Hier stellte sich unter anderem auch heraus, dass es eine Diskrepanz zwischen Importeur und Händler in Bezug auf internationale Vorgaben für Gesamtstrategie und Leitlinien der Corporate Identity gibt. Diez meint, dass uneinheitliche Kommunikationsmaßnahmen in der Regel zu uneinheitlichen Marktauftritten und zu einer Irritation bei den Konsumenten und einer Schädigung der Marke führen. Händlerstandards sind eine Notwendigkeit, wohl auch, um eine Durchsetzung von herstellerdominierten Markenwerten zu ermöglichen.

Die Herausforderung an den Handel ist im Zuge von Modell-Neueinführungen somit eine große. Um ein Produkt erfolgreich auf dem Automobilmarkt einzuführen, gilt es zunächst, das Marketing für Modell-Neueinführungen im Automobilhandel zu analysieren, mögliche Beispiele aufzuzeigen und diese kritisch zu beleuchten. Diese Aufgabenstellung ist Inhalt des nächsten Kapitels.

5 Marketing für Modell-Neueinführungen im Automobilhandel

Um sich der Thematik Modell-Neueinführungen im Automobilhandel zu nähern, gilt es zunächst, die Begriffe Relaunch, Facelift und Modellwechsel näher zu erläutern.

5.1 Begriffliche Definition von Relaunch, Facelift und Modellwechsel

Unter eine Produktvariation, auch Relaunch genannt, versteht man eine Verbesserung einer auf dem Markt befindlichen Baureihe durch technische oder auch optische Aktualisierungen. Diese Produktvariation wird in der Automobilbranche auch als Facelift bezeichnet.[27] Das Facelift ist eine kleine Änderung am Produkt. Hierbei werden Detailänderungen vorgenommen, die das gesamte Produkt neuartiger aussehen lassen.[28]

Im Normalfall werden Facelifts in der Mitte des Produktlebenszyklus durchgeführt, bei langen Modelllaufzeiten aber auch häufiger. Facelifts sind fester Bestand der Produkt-Lebenszyklusplanungen und daher relativ selten eine direkte Antwort auf Kundenwünsche. Anders als beim Facelift wird bei einer Modell-Neueinführung ein gänzlich neues Produkt auf den Markt gebracht. Ein Modellwechsel bringt einerseits einen stärkeren Erlösanstieg durch meist höhere Preise, andererseits aber auch schon früher höhere Entwicklungskosten mit sich. Die Erfahrung zeigt jedoch, dass die Facelifts ein fester Bestand in der Produktpolitik aller Automobilkonzerne sind.[29]

5.2 Die Einführung eines neuen Produkts

In der Marketing-Literatur wird unter der Produkteinführung meistens die Einführungsphase im Rahmen des Produkt-Lebenszyklusmodells verstanden. In der Einführungsphase entscheidet es sich, ob ein neu entwickeltes Produkt möglichst rasch vom potentiellen Kunden akzeptiert wird. Um den Bekanntheitsgrad zu erhöhen, sind in dieser Phase Werbung und Verkaufsförderung besonders wichtig. Die Marketing-Kosten sind in dieser Phase, verglichen mit den anderen Phasen des Produkt-

---

27 Vgl. Diez; 2000, S. 156-157

28 Vgl. Pepels, Werner; Kommunikations-Management, 3. Aufl., Schäffer-Poeschel-Verlag, Stuttgart, 1999, S. 86

29 Vgl. Diez; 2000, S. 157-158

Lebenszyklus, am höchsten.[30] Im Übrigen umfasst die Markteinführung neuer Produkte sämtliche marketing-strategischen und operativen Planungs- und Entscheidungsabläufe, die in konkrete Maßnahmen umzusetzen sind.[31]

Vor der Einführung neuer Produkte hat sich das Unternehmen grundsätzlich mit den Fragen zu beschäftigen, wann, wo, an wen und wie, führe ich das Produkt ein? Sind diese Fragen beantwortet, steht einem Launch nichts mehr im Wege.[32] Automobilhersteller führen beispielsweise ihre neuen Modelle immer landesweit ein, da sie über ein landesweites Vertriebsnetz verfügen.[33] Bevor ein Produkt jedoch gelauncht wird, wird das Produkt von den Herstellern meist psychisch eingeführt. Unter der psychischen Produkteinführung versteht man die Vorankündigung eines neuen Produkts. Hierbei sind schwierige Nutzen-Kosten-Abwägungen in Bezug auf Detaillierungsgrad, Zeitpunkt und die Wahl der Medien zu treffen. Durch eine Ankündigung neuer Produkte können beim Wettbewerb Gegenmaßnahmen ausgelöst werden. Beispielsweise wurde die Vorankündigung der Mercedes A-Klasse spektakulär inszeniert, um eine frühe Aufmerksamkeit zu erzielen und mögliche Kaufentscheidungen für Mitbewerberprodukte für sich zu gewinnen.[34]

5.3 Die Vorbereitungsphase und die Bedeutung des Prämarketing

Generell ist davon auszugehen, dass der Markterfolg eines neu eingeführten Produktes maßgeblich vom Unternehmen selbst beeinflussbar ist. Aus diesem Grund gilt es, relevante Markteinführungsmaßnahmen zu generieren, die meist eine Sammlung kommunikativer Maßnahmen in Form von Checklisten sind. Diese Checklisten besitzen den Charakter von Praktikerhilfen, die ein Unternehmen als sinnvolle Unterstützung für zu ergreifende Maßnahmen nutzen sollte. Hierbei scheint es jedoch als wich-

---

30 Vgl. Kotler, Philip; Bliemel, Friedhelm; Marketing-Management – Analyse, Planung, Umsetzung, Steuerung, 1. Aufl., Schäfer-Pöschel-Verlag Stuttgart, Stuttgart, 1992, S. 548

31 Vgl. Call, Guido; Entstehung und Markteinführung von Produktneuheiten, 1. Aufl., Gabler-Verlag, Wiesbaden, 1997, S. 10

32 Vgl. Kotler, Philip; Armstrong, Gary; Marketing - eine Einführung, Verlag der WU, Wien, 1997, S. 391-393

33 Vgl. Kotler, Philip; Bliemel, Friedhelm; Marketing-Management, 9. Aufl., Schäfer-Pöschel-Verlag Stuttgart, Stuttgart, 1999, S. 553

34 Vgl. Brockhoff, Klaus; Produktpolitik, 4. Aufl., Lucius & Lucius-Verlag, Stuttgart, 1999, S. 269

tig, einen hohen Detaillierungsgrad zu treffen, um eine hohe Transparenz zu erzielen.[35]

Im Hinblick auf die vorliegende Problematik gilt diese Erkenntnis als sehr wichtig. Auflistungen diverser Maßnahmen in Form von Checklisten für Modelleinführungen erscheinen als möglicher Ansatz. Vorab wird jedoch der Ansatz des Prämarketing beleuchtet. In der Literatur wird die Markteinführung neuer Produkte auch Prämarketing genannt. Generell ist zu bemerken, dass sich nur wenige Publikationen mit der Thematik der Einführung neuer Produkte beschäftigen, eher gibt es ein Hauptaugenmerk auf Generierung und Vermarktung von Produkten.

5.3.1 Prämarketing und dessen Bedeutung bei Produkt-Neueinführungen

Unter Prämarketing verstehen wir die zielgerichteten, im zeitlichen Verlauf einer Neuprodukteinführung stattfindenden und mit dieser inhaltlich verbundenen Marketing-Aktivitäten eines Unternehmens, die einen auf den Markt gerichteten oder dialogischen Informationsfluss bedingen und steuern.[36]

Als Prämarketing bezeichnet man die aktive Marketing-Kommunikation, die einer physischen Produktverfügbarkeit vorausgeht.[37] Somit beschreibt Prämarketing die Phase der Vorankündigung auf dem Markt, bevor ein Produkt gelauncht wird. Es wird dadurch versucht, hohe Aufmerksamkeit bereits vor dem eigentlichen Einführungstermin zu erlangen. Das Ziel ist es, Reaktionen der Zielgruppe zu prüfen und eine klare Positionierung zu erlangen, um den Mitbewerbern den Eintritt zu erschweren.[38] Das Prämarketing kann sozusagen auch als eine „virtuelle" Verlängerung des Produktlebenszyklus nach vorne hin beschrieben werden. Einsatz findet es in wenigen Branchen, die Automobilbranche sowie auch Pharma und Informationstechnik gehören jedoch dazu.[39]

---

35 Vgl. Call, Guido; 1995, S. 53-55

36 Möhrle, Martin; Prämarketing: Zur Einführung neuer Produkte, 1. Aufl., Gabler-Verlag, Wiesbaden, 1995, S. 11

37 Vgl. Möhrle, Martin; 1995, S. 1

38 Vgl. www.innodrom.de/innovationsverstaendnis/markteinf.htm (21. Oktober 2002)

39 Vgl. Möhrle, Martin; 1995, S. 2-3

5.3.2 Instrumente des Prämarketing

Im Rahmen des Prämarketing wird der Kommunikationspolitik eine dominierende Rolle zugewiesen. Die meisten Publikationen beschränken sich bei Maßnahmen für Produkteinführungen auf Werbung und Verkaufsförderung. Die Vielfältigkeit der Instrumente des Prämarketing-Mix und die wichtige Rolle der Kommunikation innerhalb einer Produkt-Neueinführung soll die folgende Grafik veranschaulichen.[40]

Mediengesteuerte Instrumente	Product Publicity
Zwischenformen	Symposien Messen Events
Unternehmensgesteuerte Instrumente	Außendienst Direktwerbung Mediawerbung Händlerwerbung Unternehmenswerbung - Markenerweiterung
Sonderformen	Lobbying Schulungen Markttests Subskriptionspreise Comarketing und Lizenzvergabe

Abbildung 2: Übersicht über die Prämarketing-Instrumente

Quelle: Call, Guido; 1995, S. 70

Ein Instrument, das für das Prämarketing als besonders geeignet erscheint, ist das Direktmarketing. So konnte beispielsweise bei der Einführung des Audi Cabriolet mit dem Versand eines Direktmailings an 32.000 ausgewählte Personen eine Rücklaufquote von 27 Prozent erreicht wer-

[40] Vgl. Möhrle, Martin; 1995, S. 67

den. Mittels einer Antwortkarte konnten weitere Informationen angefordert werden, die aus detaillierten Produktinformationen, einer Compact Disc sowie weiteren Antwortkarten für Probefahrten, weiteren Informationen und einem Gewinnspiel bestanden.

Des Weiteren ist in den letzten Jahren ein deutlicher Anstieg bei Teaser-Kampagnen in der Automobilbranche zu verzeichnen. Unter Teaser-Kampagnen versteht man die Ankündigung eines neuen Produktes mittels Werbung, die nicht klar erkennen lässt, um welches Produkt es sich dabei handelt. Das dadurch erreichte hohe Interesse an der Auflösung der Kampagne erzielt ein sehr hohes Recall-Ergebnis. [41]

5.4 Die Einführungsphase

Eine der wohl spektakulärsten und auch sehr erfolgreichen Markteinführungen der letzten Jahre war die der Mercedes A-Klasse. Mercedes nutzte auch die Chance des Prämarketing und generierte bis zur Einführung 100.000 Bestellungen, 80 Prozent davon Fremdfabrikatsfahrer. Obwohl die Mercedes A-Klasse knapp nach der Einführung auf Grund des Elchtests negativ in die Schlagzeilen kam und dadurch kurzzeitig mit einem schlechten Image behaftet wurde, ist anzumerken, dass die Einführungskampagne nach marketing-strategischen Überlegungen einen zweifellos interessanten Ansatz darstellt.[42]

In der Literatur wird häufig auf die zentrale Dimension der Einführungsstrategie eingegangen, die sich in vier Hauptpunkte untergliedert: das Timing der Einführung, den Zielmarkt, die Zielkunden und den Einführungs-Marketing-Mix[43], siehe auch Call, Guido; 1997, S. 213.

Nachdem oben genannte Dimensionen der Einführungsstrategie keinen Einfluss auf die Problemstellung haben, werden diese im folgenden Abschnitt nicht näher erläutert.

Ein weiterer in der Literatur häufig erläuterter Punkt ist die Markteinführung eines Produktes, unterteilt in Analyse, Planung und Umsetzung. In der Phase der Analyse sollen alle für das Produkt relevanten Informationen erhoben werden, die der Ist-Situation entsprechen. In der Planungsphase sollen alle Aktivitäten der Umsetzungsphase erstellt werden. Hierbei gilt, je besser die Analyse, desto leichter die Planung. Die letzte Phase,

---

41 Vgl. Möhrle, Martin; 1995, S. 78-79

42 Vgl. Karmasin, Helene; Produkte als Botschaften, 1. Aufl., Ueberreuter-Verlag, Wien, 1998, S. 560

43 Vgl. Haedrich, Günther; Tomczak, T.; Produktpolitik, 1. Aufl., Kohlhammer-Verlag, Stuttgart, 1996, S. 224

die Umsetzung, beschreibt die Phase vom Pre-Launch bis zur eigentlichen Produktverfügbarkeit.[44]

5.4.1 Der Vorverkauf in der Einführungsphase

Im Zuge einer Einführungsphase sei die Komponente des Vorverkaufspreises noch zu beachten. Der Vorverkaufspreis, der ein typisches Instrument des Prämarketing ist, findet zwar in keiner Marketing-Literatur eine Veröffentlichung, dennoch ist er ein sehr wichtiger Punkt. In der Phase des Prämarketing muss das Instrument des Vorverkaufspreises und der Kommunikation eine Verbindung eingehen, da das Produkt noch nicht tatsächlich erhältlich ist. Diese Form von Kommunikation bzw. Preisnachlass kann eine frühzeitige Kaufbereitschaft herbeiführen. Jedoch sei zu bemerken, dass der Anbieter Vor- und Nachteile einer solchen Preisstrategie für die Einführungsphase abwägen muss. Man kann dadurch eventuell früher Umsätze und Abschlüsse generieren, jedoch sind diese vielleicht geringer.[45]

Generell ist in der vorliegenden Literatur kein Zusammenhang zwischen frühen Preisnachlässen und einer eventuell dadurch entstehenden Verringerung des Wertes der Marke bzw. einer sich negativ auf das Image der Marke auswirkenden Komponente zu finden.

Um die Einführungsphase in der Automobilbranche näher zu erläutern, wird in den nächsten Punkten die Markteinführung anhand verschiedener Fallbeispiele dargestellt.

5.5 Fallbeispiel Modelleinführung des Opel Astra

Opel stand vor der Modell-Neueinführung des neuen Astra Anfang der neunziger Jahre zeitgleich mit dem neuen Golf III. Opel entschied sich für eine Teaser-Kampagne, man war der Meinung, VW würde eine solche nicht einsetzen. Im Zuge des Prämarketing kam es zu einer perfekt abgestimmten Kommunikation zwischen Werbung, Messen und PR, die sich in punkto Qualität deutlich von VW abhob. Die Fülle an Produktneuheiten ermöglichte eine Kampagne über einen langen Zeitraum zu gestalten, ohne das Interesse des Publikums zu verlieren. Opel startete seine PR-Aktivitäten bereits drei Monate vor Einführung mit einer zweistufigen Presseveranstaltung. VW veranstaltete im Gegenzug nur eine Pressekon-

---

44 Vgl. Matys, Erwin; Praxishandbuch Produktmanagement, 1. Aufl., Campus-Verlag, Frankfurt / Main, 2001; S. 103-109

45 Vgl. Möhrle, Martin; 1995, S. 85-87

ferenz. Ein deutlicher Unterschied ergibt sich bei der Betrachtung des Beginns der Werbung. Opel nutzte die Teaser-Kampagne und startete bereits zwei Monate vor der eigentlichen Einführung. VW hingegen begann mit der Werbung zeitgleich mit der Modelleinführung. Nach der Einführung beider Modelle konnte auch eine Verbesserung der Verkäufe von Opel in Verhältnis zu VW festgestellt werden, eine lange nachhaltige Wirkung konnte jedoch nicht nachgewiesen werden. Das Beispiel zeigt den zunehmenden Zeitwettbewerb innerhalb der Branche und das virtuelle Ausweiten des Lebenszyklus nach vorne. Ferner sei nochmals auf die Wichtigkeit des Prämarketing im Zuge von Modell-Neueinführungen hinzuweisen.[46]

Die in der Literatur beschriebenen Prämarketingaktivitäten beziehen sich immer auf Aktivitäten des Herstellers oder des Importeurs. Der Handel, das wichtigste Bindeglied zum Kunden, findet keine Miteinbeziehung in dieser Phase. Dieser tritt in der nächsten Phase bei.

5.6 Fallbeispiel Modelleinführung des VW Golf III

Wie bereits erwähnt, setzte auch VW bei der Markteinführung des Golf III auf eine bereits vor dem eigentlichen Verkaufsstart beginnende Kommunikation. In dem umfangreichen Maßnahmenprogramm sind neben der internationalen Pressekonferenz an 25.000 Händler auch Einladungen zur Produktschulung in Braunschweig und Hannover ergangen. Alle Verkaufsförderungsaktivitäten waren darauf ausgelegt, dass eine möglichst gute Unterstützung in der Zeit der Vorverkaufsphase der Präsentationstage bis hin zur eigentlichen Verkaufsphase gewährleistet war. Der Erfolg konnte nur durch die fast zeitgleiche Einführung des Opel Astra maßgeblich gefährdet werden. Die VW-Organisation war bestrebt, eine möglichst hohe Effizienz bei der händlergerichteten Kommunikation zu bewerkstelligen. Zeitliche und inhaltliche Abstimmungen aller Verkaufs-Förderungsmaßnahmen waren die Folge. Den Händlern wurde ein Komplettservice für die Abwicklung der Einführungsaktion zur Verfügung gestellt, das von typischen Dekorationsmitteln bis hin zur Bereitstellung von Personal für die Präsentationstage reichte. Um jedem Händler ein gewisses Maß an Freiraum in seiner Gestaltung zu geben, hatte jeder die Möglichkeit, aus einer Vielzahl von Verkaufsförderungsmitteln zu wählen.[47]

---

46 Vgl. Möhrle, Martin; 1995, S. 183-189

47 Vgl. Meffert, Heribert; Marketing: Grundlagen marktorientierter Unternehmensführung, 8. Aufl., Gabler-Verlag, Wiesbaden, 1998, S. 1280-1282

Wie in dieser Fallstudie gezeigt wird, war die Integration der Händler mehr als wichtig. Maßnahmen der Direktkommunikation wurden von den einzelnen Händlern durchgeführt. Dabei wurde mittels eines Mailings versucht, Meinungsbildner und Stammkunden für das neue Produkt zu gewinnen. Ziel war es auch, Probefahrten zu generieren und Personen für so genannte VIP-Partys einzuladen. Das Beispiel zeigt jedoch auch, dass nicht nur kundengerichtete Maßnahmen zum Erfolg führen sollten. Ein wesentliches Element im Vorfeld war die Einschulung aller Händler und deren Verkaufspersonal. Dies sollte der gesamten Händlerorganisation eine höhere Motivation sowie besseres Produktwissen und Verkaufsargumente bringen. In Kombination mit klassischer Werbung wollte man damit einen größtmöglichen Werbedruck erzielen.[48]

Mit dem Beispiel der Modell-Neueinführung des Golf III soll veranschaulicht werden, dass der Händlerbetrieb in dieser Phase eine wichtige Rolle als Bindeglied zum Kunden hin darstellt. Dieser Punkt wird in der theoretischen Fachliteratur meist nicht näher erläutert.

5.7 Fallbeispiel Modelleinführung des Audi TT

Ende 1998 wurde der neue Audi TT, ein vollkommen neues Produktkonzept der Marke Audi, auf dem Markt eingeführt. Ähnlich wie auch bei der Einführung des Golf III, wurde auch beim Audi TT ein umfangreiches Marketing-Programm gewählt, das eine möglichst hohe Bekanntheit des Modells zum Ziel hatte. Der Audi TT mit klarer Positionierung im Sportwagensegment wurde in der ersten Phase mittels eines Kundenbetreuungsprogramms oder eines Informationsprogramms beworben. Ziel war es, einen Dialog mit den Kunden aufzubauen und daraus wichtige Informationen über Zielgruppe, Kundenanforderungen und Kundenverhalten zu bekommen. In Summe beteiligten sich ca. 17.500 Messebesucher und andere Interessenten an diesem aufwändig aufgebauten Dialog, als Gegenzug erhielten alle Beteiligten als Dankeschön Präsente im TT-Design. Der Erfolg der Kampagne zeigte sich insofern, dass zehn Prozent aller Beteiligten noch vor der physischen Einführung des Modells verbindlich einen Audi TT orderten.[49]

Die zweite Phase startete mit eine Presseveranstaltung, bei der großer Wert auf das Erfahren mit dem neuen TT gelegt wurde. Um auch interaktiv Fragen bereits vor der Einführung beantworten zu können, wurde eine

---

48 Vgl. Meffert, Heribert; 1998, S. 1282

49 Vgl. Herrmann, Albers; Handbuch Produktmanagement, 1. Aufl., Gabler-Verlag, Wiesbaden, 2000, S. 919-920

eigene Homepage für den Audi TT eingerichtet. Auch bei der Einschulung der Händlerorganisation setzte man ganz auf das „Erfahren" des neuen Modells. So wurde die Schulung, die über fünf Wochen dauerte, mit hundert Audi TT ausgestattet. Neben der Messepräsentation auf dem Autosalon in Paris wurde zwei Wochen vor der endgültigen Markteinführung eine Teaser-Kampagne gestartet, bei der der Aufbau der Audi-Markenwelt sowie der Aufbau des Markennamens TT einen hohen Stellenwert aufwies.[50]

Wie die einzelnen Beispiele verdeutlichen, gibt es einen großen Handlungsfreiraum im Zuge der Gestaltung einer Modell-Neueinführung. Die Frage, die sich aber stellt, ist, ob eine solche Modelleinführung mit Hilfe von Händlerstandards in Anlehnung an eine Corporate Identity erfolgreicher durchgeführt werden könnte.

5.8 Zwischenresümee Kapitel 5

In Kapitel 5 wurde die Einführung neuer Produkte auf dem Markt, die damit zu treffenden Entscheidungen und die kommunikativen Maßnahmen beschrieben. Ein weiterer wichtiger Punkt war die Beschreibung des Prämarketing und dessen Bedeutung bei Produkt- Neueinführungen. Möhrle beschreibt in diesem Zusammenhang auch die Wichtigkeit von Sammlungen kommunikativer Maßnahmen in Form von Checklisten. Folgend wurde anhand einiger Fallbeispiele aus der Automobilbranche gezeigt, wie vielfältig die Gestaltungsmöglichkeiten einer Einführungsstrategie sein können und dass es bereits in dieser Phase zu einem Zusammenspiel zwischen Importeur und Handel kommen muss. Des Weiteren wurde festgestellt, dass der Händlerbetrieb in dieser Phase eine wichtige Rolle als Bindeglied zum Kunden hin darstellt. Wie die einzelnen Fallbeispiele gezeigt haben, gibt es eine Vielzahl von Faktoren, die die Modelleinführung beeinflussen. Ein definitives „falsch" oder „richtig" ist auch in der Literatur nicht zu finden. Alle Aktivitäten sind individuell je nach Unternehmensphilosophie, Marktgegebenheiten und Produkt zu gestalten.

Als ein mögliches Instrument der Standardisierung von Modell-Neueinführungen käme das Konzept der Corporate Identity in Frage. Im folgenden Kapitel soll das Konzept von der begrifflichen Definition bis hin zur Entstehung eines CI-Konzepts näher analysiert werden.

---

[50] Vgl. Herrmann, Albers; 2000, S. 920-921

6 Corporate Identity als Instrument der strategischen Unternehmensführung

Unternehmen unterscheiden sich heutzutage häufig nicht mehr durch Produkte, Preise oder Qualität. Ein mögliches Instrument zu einer wirksamen Differenzierung und Positionierung eines Unternehmens stellt die Corporate Identity dar.[51]

6.1 Begriffliche Definition der Corporate Identity

Corporate Identity wird als eine spezifische, einheitliche Selbstdarstellung eines Unternehmens nach innen und nach außen hin bezeichnet. Diese strategisch geplante Unternehmenspersönlichkeit äußert sich durch ein einheitliches Verhalten (Corporate Culture, Corporate Behaviour), eine einheitliche Kommunikation (Corporate Communication) und ein einheitliches Erscheinungsbild (Corporate Design).[52] Sie wird als ein schlüssiger Zusammenhang zwischen Erscheinung, Worten und Taten eines Unternehmens gesehen. Sie wird außerdem laufend gezielten Veränderungen unterzogen.[53]

In der wirtschaftlichen Praxis ist demnach Corporate Identity die strategisch geplante und operativ eingesetzte Selbstdarstellung und Verhaltensweise eines Unternehmens nach innen und außen auf Basis einer festgelegten Unternehmensphilosophie, einer langfristigen Unternehmenszielsetzung und eines definierten (Soll-)Images – mit dem Willen, alle Handlungsinstrumente des Unternehmens in einheitliche Rahmen nach innen und außen zur Darstellung zu bringen.[54]

CI soll somit das Unternehmen zu einer starken Wettbewerbsposition führen und ihr eine einzigartige Identität verleihen. CI ist das Erkennen, Gestalten, Verwirklichen und Prüfen der Identität eines Unternehmens.[55]

Im Mittelpunkt der Überlegungen steht die Unternehmenspersönlichkeit, der dynamische Kern und Ausgangspunkt, dem als Instrument der „Selbstverwirklichung" Verhalten, Erscheinungsbild und Kommunikation

---

[51] Vgl. Olfert, Klaus; Marketing, 12. Aufl., Friedrich-Kiehl-Verlag, Ludwigshafen (Rhein), 1997, S. 528

[52] Vgl. Zentes, Joachim; Grundbegriffe des Marketing, 4. Aufl., Schäffer-Poeschel-Verlag, Stuttgart 1996, S. 237

[53] Vgl. Birkigt, Klaus; Stadler, M. M.; Funck, H. J.; Corporate Identity, 10. Aufl., Moderne Industrie Verlag, Landsberg / Lech, 2000, S. 18

[54] Birkigt, Klaus; Stadler, M. M.; Funck, H. J.; 2000, S. 18

[55] Vgl. Herbst, Dieter; Corporate Identity als ganzheitlicher Management-Prozess, www.vordenker.de (19. November 2002)

zur Verfügung stehen. Dies zeigt auch die folgende schematische Darstellung dieser Struktur.[56]

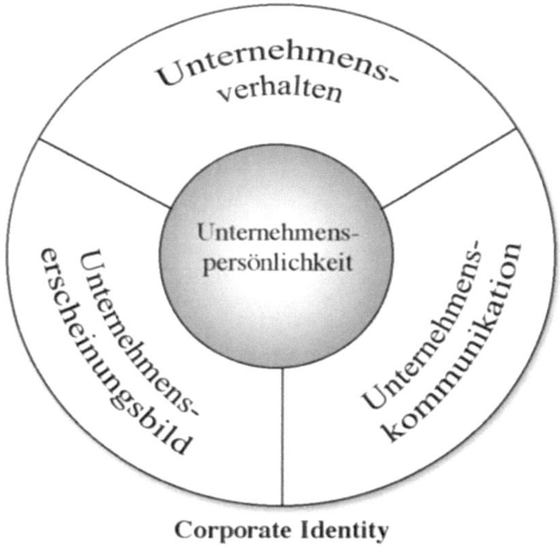

Abbildung 3: Schematische Darstellung der Corporate Identity

Quelle: Birkigt, Klaus; Stadler, M. M.; Funck, H. J.; 2000, S. 19

6.2 Ziele des Corporate Identity-Konzepts

Eine der Hauptaufgaben der Corporate Identity besteht darin, ein positives Image in der Öffentlichkeit zu schaffen. Sie hat dabei die Aufgabe, verschiedenste Kommunikationsmöglichkeiten zu koordinieren und zu integrieren, damit eine bestimmte unternehmensspezifische Identität erzielt wird. Das Unternehmen soll dadurch eindeutig positioniert und identifizierbar gemacht werden. Ein einheitliches und unverwechselbares Unternehmensbild soll das Ziel sein. CI richtet sich somit an interne und externe Zielpersonen, wie auch in der nachstehenden Abbildung gezeigt wird.[57] Somit kann CI, vereinfacht gesagt, die Kommunikationsstrategie eines Unternehmens abbilden.[58]

---

[56] Vgl. Birkigt, Klaus; Stadler, M. M.; Funck, H. J.; 2000, S. 19

[57] Vgl. Olfert, Klaus; S. 525-526

[58] Vgl. Achterholt, Gertrud; Corporate Identity, 2. Aufl., Gabler-Verlag, Wiesbaden 1991, S. 33

Interne Zielgruppen		• Mitarbeiter • Eigentümer • Gesellschafter • Pensionäre
Externe Zielgruppen	Beschaffungsmarkt	• Lieferanten • Banken • Potenzielle Mitarbeiter • Dienstleistungsanbieter
	Absatzmarkt	• Handel • Kunden (Konsumenten, Einkaufsorganisationen) • Konkurrenz (auch auf anderen Märkten) • Absatzmittler (z. B. Handelsvertreter)
	Kapitalmarkt	• Banken • Aktionäre (siehe auch Eigentümer) • Sonstige Investoren • Beeinflusser (Vermögensverwalter, Berater usw.)
	Sonstiges Umfeld	• Angehörige der Mitarbeiter • Politische Gruppen • Medienvertreter • Staat • Gewerkschaften usw.

Abbildung 4: Zielgruppen der Corporate Identity

Quelle: Olfert, Klaus; 2001, S. 525

Eine CI hat nicht nur interne und externe Zielgruppen, sie verfolgt auch interne und externe Ziele. Ein wesentliches Ziel nach innen ist die Steigerung der Produktivität und der Leistung. CI soll unter den Mitarbeitern ein „Wir-Gefühl" vermitteln und die Arbeitszufriedenheit steigern. Prozesse und Strukturen sollen begreifbarer und transparenter werden. Das Ziel nach außen hin ist es, ein genaues Abbild der angestrebten Identität entstehen zu lassen. Dieses eindeutige Bild eines Unternehmens nach außen hin ist Basis für die Glaubwürdigkeit, Sicherheit und das Vertrauen in ein Unternehmen. Das dadurch entstehende Image eines Unternehmens soll einzigartig sein. Das Image lässt sich im Rahmen der CI gestalten, und zwar durch das Verhalten, die Erscheinung und durch die Kommunikation.[59]

6.3 Instrumente der Corporate Identity

6.3.1 Corporate Design – Unternehmenserscheinungsbild

Mittels des CD wird die Firmenidentität visuell vermittelt, sie ist somit Form, vermittelt aber keinen Inhalt. Das gesamte Design des Unternehmens und dessen Leistungen und Produkte sind auf die einheitliche Linie des CD abgestimmt.[60] Die visuell-formale Gestaltung der Firmenpersönlichkeit eines Unternehmens werden z. B. durch den Firmennamen (Logo, Firmenzeichen usw.), die Farben, die Schrift, das Design seiner Gebäude und Produkte zum Ausdruck gebracht.[61] Eine Kontinuität ist zwar Voraussetzung, doch bedarf es eines kontinuierlichen Wandels synchron mit einer sich wandelnden Identity.[62]

6.3.2 Corporate Communications – Unternehmenskommunikation

Mit Hilfe der CC vermittelt ein Unternehmen eine widerspruchsfreie Kommunikation nach innen und nach außen mittels Werbung, Verkaufsförderung, PR und Sponsoring. Einheitliche Botschaften sollen vermittelt werden, die dazu beitragen, ein gewünschtes Image entstehen zu lassen.[63] Unter allen Instrumenten ist die Kommunikation das Instrument mit der höchsten Flexibilität.[64] Man versucht durch alle Kommunikationsaktivitäten, das jeweils „Unternehmensspezifische" sichtbar und hörbar zu machen.[65]

---

59 Vgl. Herbst, Dieter; Corporate Identity, 1. Aufl., Cornelsen-Verlag, Berlin, 1998, S. 17-21

60 Vgl. Herbst, Dieter; 1998, S. 38-39

61 Vgl. Olfert, Klaus; 1997, S. 527

62 Vgl. Birkigt, Klaus; Stadler, M. M.; Funck, H. J.; 2000, S. 21

63 Vgl. Herbst, Dieter; 1998, S. 50-51

64 Vgl. Birkigt, Klaus; Stadler, M. M.; Funck, H. J.; 2000, S. 22

65 Vgl. Olfert, Klaus; 1997, S. 528

6.3.3 Corporate Behavior – Unternehmensverhalten

Darunter versteht man sowohl das Verhalten eines Unternehmens auf verschiedenen Märkten als auch im Unternehmen selbst.[66] Das schlüssige Verhalten eines Unternehmens ist wohl das weitaus wichtigste und wirksamste Instrument der CI, hier zählen Taten, nicht Worte.[67] CI darf nicht nur kommuniziert werden, sie muss auch gelebt werden. Sie ist somit das konsequent an der Identität ausgerichtete Verhalten aller Mitglieder eines Unternehmens.[68]

6.4 Die Entstehung eines Corporate Identity-Konzepts

Corporate Identity kann, wenn sie nur oberflächlich eingesetzt wird, als Kosmetik angesehen werden, behandelt man sie mit dem notwendigen Respekt, so merkt man schnell die ernsthafte und bedeutende Wirkung. Durch eine starke Transparenz markiert sie Wendepunkte in einem Unternehmen.[69]

Sobald sich ein Unternehmen für die Erstellung einer Corporate Identity entschlossen hat, muss es sich im Klaren sein, dass sich das Unternehmen immer fortlaufend damit beschäftigen muss und dass es sich um einen kontinuierlichen Prozess der Veränderung handelt. Generell sollte die Idee vom Top-Management verordnet werden. Mit dem Miteinbeziehen der Mitarbeiter gewinnt die Entstehung einer CI an Bedeutung, die Identifikation steigt und die Einsatzbereitschaft ebenfalls. Wichtig ist, dass die CI von oben auferlegt, aber von allen gelebt wird. Im nächsten Schritt gilt es, Verantwortliche zu definieren, ein Projektteam muss zusammengestellt werden. Ein wichtiger Punkt in diesem Prozess ist die ständige Information der Mitarbeiter über den aktuellen Stand der Arbeiten, denn die Mitarbeiter sind die Betroffenen, die das aufgezeigte Bild dann leben müssen.[70]

Generell gelten für die Erstellung einer CI Richtlinien, nach denen vorgegangen wird. Man spricht vom Regelkreis im CI-Prozess. Im Detail gliedern sich die Punkte wie folgt auf:[71]

---

66 Vgl. Olfert, Klaus; 1997, S. 528

67 Vgl. Birkigt, Klaus; Stadler, M. M.; Funck, H. J.; 2000, S. 20

68 Vgl. Herbst, Dieter; 1998, S. 59

69 Vgl. Olins, Wally; Corporate Identity, 1. Aufl., Campus-Verlag, Frankfurt / Main, 1990, S. 148

70 Vgl. Herbst, Dieter; 1998, S. 64-69

71 Vgl. Herbst, Dieter; 1998, S. 71

- **Analyse** der Unternehmenskultur mit Hilfe von externen und internen Erkenntnissen
- **Planung** auf Grund der Analyse, Festlegung des Ziels – also der Soll-Zustand
- **Umsetzung** in die einzelnen Instrumente der CI
- **Kontrolle** der angestrebten Ziele, die in einer vorgesehen Zeit zu erzielen waren

Nach der klaren Erläuterung der CI stellt sich nun die Frage, welche Formen der CI in der Automobilbranche verwendet werden und ob Konzepte für Launches mit Hilfe der CI anwendbar sind.

Die Notwendigkeit einer starken Corporate Identity wurde beispielsweise auch bei Ford schon recht früh erkannt. Das weltweit tätige Unternehmen, das auf eine fast 100-jährige Geschichte zurückblicken kann, versteht es, die Unternehmensidentität mit Hilfe der Corporate Identity transparent zu machen. In diesem Zusammenhang ist auch eine starke Verbindung mit der Unternehmenskommunikation festzustellen. Ford nennt als eine der wichtigsten Komponenten der CI das Produkt, Stil, Leistung und Qualität, die sich in den Produkten widerspiegeln sollen.[72] Im Zuge der Literaturrecherche wurden viele Beispiele der Branche gefunden, die eine erfolgreiche CI verwenden, auf die jedoch nicht näher eingegangen wird.

Ausgehend von der Problematik, dass Modell-Neueinführungen meist uneinheitlich erscheinen und Händleraktivitäten oft nicht zweckmäßig sind, erscheint es als wichtig, im weiteren Verlauf der Untersuchung konkrete Umsetzungspunkte herauszuarbeiten, die Inhalt einer standardisierten Modell-Neueinführung sein könnten. Hierbei soll es um Aktivitäten gehen, die den Händler zum Erfolg führen. So fordert auch Brachat von den Herstellern und Importeuren Standards, die z. B. einen einheitlichen, kundenfreundlichen Auftritt im Verkauf gewährleisten, um die Kunden ideal zu bedienen.[73]

Von der Erkenntnis ausgehend, dass Händlerstandards für Modell-Neueinführungen in Anlehnung an eine CI erfolgen können, im Zuge der Recherchen aber keine begriffliche Definition dafür zu finden war, wird im weiteren Verlauf der Bereich der Modell-Neueinführungen mit Hilfe der CI als „CORPORATE LAUNCH", kurz CL, bezeichnet. CL könnte somit die

[72] Vgl. Schmidt, Klaus; Corporate Identity in Europa, 1. Aufl., Campus-Verlag, Frankfurt / Main, 1994, S. 90-98

[73] Vgl. Brachat, Hannes; 1997, S. 65

einzelnen standardisierten Aktivitäten in Bezug auf die Instrumente der CI - Design, Communication und Behavior - beschreiben.

6.5 Zwischenresümee Kapitel 6

Kommunikation ist eines der wichtigsten Instrumente in der Einführungsphase von Produktneuheiten. Corporate Identity stellt in diesem Zusammenhang eine übergeordnete Rolle dar. Aus diesem Grund wurde diese auch näher erläutert. Brachat fordert in diesem Bereich von den Importeuren Standards, die einen einheitlichen, kundenfreundlichen Auftritt im Verkauf gewährleisten, um die Kunden ideal zu bedienen. Welche Standards bereits eine Geltung haben bzw. welche gängigen Corporate Launch-Aktivitäten bereits Einsatz finden, soll im nächsten Kapitel dargestellt werden.

7 Darstellung von gängigen Corporate Launch-Aktivitäten

7.1 Die Herausforderung an den Handel

Eine glaubwürdige Inszenierung der Marke beschränkt sich nicht nur auf das Produkt, sondern auch auf die gesamte Vermarktungskette im Automobilhandel. Die exklusiven Vertriebswege wie auch die CI und die Schaffung von Erlebniswelten tragen dazu bei. So tritt neben die eigentliche Funktion eines Verkaufsraumes, die verkaufsbezogene Funktion, die Funktion der Inszenierung einer Marke. Die Inszenierungsstätte wird künftig eine der wichtigsten Rollen in Bezug auf die Konsistenz und Glaubwürdigkeit des Markenauftritts innehaben.[74] Es darf aber nie darauf vergessen werden, dass dem Handel eine besondere Bedeutung zukommt, da er als Multiplikator auftritt. Er ist in der Lage, durch attraktive Gestaltungen und durch Events Produkte lebhaft zu gestalten.[75]

Der neue Kunde erlebt gerade eine Abkehr von einem traditionellen Strukturdenken hin zu einer Steigerung der Erlebniswerte. Diese können als sinnliche Konsumerlebnisse definiert werden und einen realen Beitrag zur Erhöhung der Lebensqualität leisten. Es ist eine Verschiebung vom Versorgungs- zum Erlebniseinkauf zu beobachten. Durch diese Voraussetzung muss künftig die steigende Bedeutung der Erlebnisorientierung Bestandteil in allen marketingpolitischen Strategien sein, die sich durch alle Instrumente hindurchzieht.[76]

Des Weiteren gewinnt das so genannte „Below the Line Advertising" immer mehr an Bedeutung. Hierbei handelt es sich um „nicht-klassische Werbemittel" unterschiedlichster Kommunikationsmedien, wie z. B. neue Medien, Schauwerbung, Produktausstattung, Verkaufsförderung, Direktwerbung, Öffentlichkeitsarbeit, persönliche Kommunikation und Verkaufsliteratur. Die Herausforderung ist die Abstimmung aller Werbemittel untereinander.[77] Auf einige der Punkte wird im weiteren Verlauf noch näher eingegangen.

---

[74] Vgl. Büchelhofer, Robert; Markenführung im Volkswagen-Konzern im Rahmen der Markenstrategie, in: Marken-Management, herausgegeben von Meffert, Heribert; Burmann, Christoph; Koers, Martin; 1. Aufl., Gabler-Verlag, Wiesbaden, 2002

[75] Vgl. Bauer, Guido; Berger, Hans; Das integrative Marketing am Beispiel des Audi TT, in: Handbuch Produktmanagement, herausgegeben von Herrmann Albers, 1. Aufl., Gabler-Verlag, Wiesbaden, 2000, S. 919

[76] Vgl. Diez, Willi; 2000, S. 113-114

[77] Vgl. Pepels, Werner; Kompaktlexikon Produktmanagement, 1. Aufl., Oldenbourg-Verlag, München, 1999, S. 445

7.2 Design

7.2.1 Outlet-Gestaltung

Die Selbstinformation wird künftig auch am POS eine größere Bedeutung haben. Formen der nichtpersönlichen Marktkommunikation, wie z. B. der Einsatz von Kiosksystemen, erleichtern eine durchgängige Kommunikation und das Ankommen der Botschaft vom Hersteller bis hin zum Kunden.[78] Viele der Autohändler vergessen die Kraft des POS und verlegen sich fast ausschließlich auf die Werbung. Obwohl Sie architektonisch etwas zu bieten haben, nutzen jedoch die Chance viel zu wenig. Ein modernes, händleradäquates Erscheinungsbild, sowohl innen als auch außen, sollte eine Selbstverständlichkeit sein. Dazu gehören Signalisation, Fahnen und Ausschilderung, genau so wie Schaufensterdekoration, Lichtkonzeption, Pflanzen, Innenraumgestaltung und Fahrzeugpräsentation. Leitfäden der Hersteller und Importeure zeigen, wie es geht, es fehlt meist nur an der Umsetzung. Zu den genannten Beispielen gehört aber auch die Klarheit, dass ein Zupflastern des Schaufensters bzw. die Überfrachtung von Theken der Vergangenheit angehören soll. Die Entfernung von inaktuellen Displays sowie eine Adaption von saisonalen aktuellen Dekorationen müsste ebenfalls ein Selbstverständnis darstellen. Wichtig erscheint auf jeden Fall, die Verbindung zum Auto und zur Werkstätte nicht zu verlieren. Schaufensterpuppen sind beispielsweise eine perfekte Verbindung für zeitgemäße Raumgestaltung und betriebliche Leistungen.[79]

7.2.2 Gestaltung der Verkaufsunterlagen

In diesem Punkt geht es um die Aufbereitung der Verkaufsunterlagen und wie sie dem Kunden ausgehändigt werden sollen. Dazu müsste sich das Verkaufspersonal einige Fragen stellen:[80]

- Werden Angebote und Rechenbeispiele auf Notizzetteln durchgeführt und ausgegeben?
- Welches Preisauszeichnungssystem wird verwendet?
- Wie sehen Präsentationsunterlagen wie Farbkarten, Ausstattungsblätter und Prospekte aus? Befinden sich Eselsohren, Fingerabdrücke auf den Farbkarten?

---

78 Vgl. Diez, Willi; 2000, S. 567
79 Vgl. Reuss, Holger; 1995, S. 286-288
80 Vgl. Reuss, Holger; 1995, S. 287-288

7.3 Communication

Unter Kommunikation (Communication) versteht man die Gesamtheit aller Aktionen, die ein Unternehmen ausschließlich zur Übertragung gezielter Informationen an verschiedene Zielgruppen einsetzt. Ein hoher Grad an Bedeutung wird der Kommunikationspolitik in der Phase der Markteinführung zugerechnet, da potentielle Kunden über das neue Produkt zu informieren sind und eine genügend große Anzahl an Käufern zu finden ist, mit denen bereits in der Einführungsphase lukrative Gewinne zu erwirtschaften wären.[81]

7.3.1 Wie kommuniziert man mit Kunden?

Zukünftig werden Konzepte der integrierten Kommunikation und der Kundenzufriedenheit ein großes Entwicklungspotential aufweisen. Als Verknüpfung aller nach innen und nach außen wirkenden Vorgänge wird die integrierte Kommunikation an Bedeutung gewinnen.[82]

Zukünftig wird es weiter einen Anstieg in der Individualität und Interaktivität der kommunikativen Ansprache der Kunden geben. Diese Zunahme wird sich vor allem auf Direct Marketing und Online-Werbung auswirken.[83]

Eine weitere wichtige Rolle wird der Dialog über alle Kanäle sein, der so genannte „Crossmedia-Dialog" über alle Medien. Bei diesem Ansatz geht es darum, alle Dialog-Marketinginstrumente so zu kombinieren und aufeinander abzustimmen, dass der Kunde immer mit den gleichen Botschaften, unabhängig vom Medium, angesprochen wird.[84]

7.3.2 Händlerdirektwerbung

Direktwerbung, die individuelle Ansprechung eines Kunden mittels eines Mailings, ist in der Händlerwerbung nicht mehr wegzudenken. Hierbei geht es um die Pflege von Kunden und Nichtkunden. In vielen Fällen ersetzt Direktmarketing den Bereich der klassischen Werbung. Gerade ein Autohaus hat eine Vielzahl an Anlässen, um mit Direktmarketing seine

---

[81] Vgl. Kotler, Philip; Bliemel, Friedhelm; Marketing-Management, 2. Aufl., Schäfer-Pöschel-Verlag Stuttgart, Stuttgart, 1992, S. 548

[82] Vgl. Hünerberg, Reinhard; Internationales Automobilmarketing, 1. Aufl., Gabler-Verlag, Wiesbaden, 1995, S. 713

[83] Vgl. Diez, Willi; 2000, S. 567

[84] Vgl. Kracke, Bernd; Crossmedia-Strategien, 1. Aufl., Gabler-Verlag, Wiesbaden, 2001, S. 9-11

Kundenkontakte zu pflegen und auszubauen. Auf jeden Fall eignet es sich auch hervorragend, um beispielsweise ein neues Modell anzukündigen.[85]

7.3.3 Händlerwerbung

In der Händlerwerbung ist die Anzeige nach wie vor unangefochten die Nr. 1. Wenn man sich jedoch den Anzeigenfriedhof vor Augen hält, so stellt sich die Frage nach der Effizienz, und es häuft sich der Wunsch nach neuen Ideen.[86]

Unter dem Motto „Weniger ist mehr" muss die Werbegestaltung künftig simplifiziert werden. Einfache visuelle Eindrücke mit einer hohen Wiedererkennung sollen kommuniziert werden.[87] Eine der Empfehlungen könnte auch lauten: Wenn schon Werbung, dann aber richtig. Eine perfekte Abstimmung zwischen Text und visueller Botschaft muss vorhanden sein.[88]

Nach einer Studie des Düsseldorfer Marktforschers Böttcher ist ein Leser einer lokalen Autoanzeige in erster Linie am konkreten Angebot interessiert. Eine große Abbildung des Modells, Preis-, Leasingangaben sowie die wesentlichen Produktvorteile sollten im Vordergrund stehen. Kreative Ideen werden zwar registriert, aber nicht in dem Maße honoriert, wie viele glauben.[89]

Eine weitere Empfehlung könnte lauten, nicht nur klassische Medien, sondern einmal auch neue Wege gehen. Einige Beispiele dazu wären: lokale Radiowerbung, Kinowerbung, Außenwerbung (Großflächen, Litfasssäulen, Haltestellen), Verkehrsmittelwerbung, Sportstätten, Post, Taxi, Werbebriefe, Dekorationen oder Postwurfsendungen.[90]

Werbung im Autohaus heißt auch die eigenen Stärken erkennen und die Besinnung auf sich selbst. Eine der wichtigsten Vorteile des Autohändlers sind eben Marktnähe und lokale Marktkenntnisse. Unter Marktnähe versteht man Individualität, Personality oder auch Sympathie. Viel zu oft werden gerade in Händlerwerbung Technik oder Kompetenz in den Vordergrund gestellt, diese werden jedoch als Selbstverständlichkeit vorausgesetzt und garantieren letztlich keine Alleinstellung gegenüber dem Wettbewerb.[91]

---

85 Vgl. Reuss, Holger; 1995, S 296
86 Vgl. Reuss, Holger; 1995, S 290
87 Vgl. Diez, Willi; 2000, S. 567
88 Vgl. Reuss, Holger; 1995, S 281
89 Vgl. Reuss, Holger; 1995, S 291
90 Vgl. Reuss, Holger; 1995, S 281
91 Vgl. Reuss, Holger; 1995, S 284-285

7.3.4 Händler-PR

Aufgrund rückgängiger Akzeptanz von Werbung gewinnt die Öffentlichkeitsarbeit mehr an Bedeutung. Produkte werden jedoch immer wichtigster Bestandteil der PR sein.[92]

So sind Kooperationen mit der lokalen Presse eines jeden Autohändlers sehr zu empfehlen. Das zur Verfügungstellen eines neuen Fahrzeuges wird meist mit einem guten PR-Artikel belohnt. Auf diese Art der Kommunikation können auch hervorragend Veranstaltungen angekündigt oder ein Interview mit dem Servicechef publiziert werden.[93]

7.3.5 Händlersponsoring

Sponsoring hat nach wie vor eine hohe Bedeutung, doch verliert es teilweise an Attraktivität auf Grund hoher Kosten. Eine mögliche Verlagerung von fremd- zum eigeninitiierten Sponsoring, das eine hohe Exklusivität sicherstellt, erscheint als eine Möglichkeit.[94]

7.3.6 Events

Bei einem Nachlassen von Involvement in Produkt und Werbung gewinnt das situative Involvement an Bedeutung. Event-Marketing wird dadurch eine steigende Zustimmung finden, weil dadurch ein starkes situatives Involvement geschaffen wird.[95] Das Wort Event besitzt also den Hauch des Besonderen, etwas nicht Alltägliches. So sind Events planmäßig erzeugte Ereignisse, die als einzigartige Ereignisse geplant und auch so erlebt werden und einem Besucher das Gefühl von exklusiver Gemeinschaft und Zusammengehörigkeit geben.[96] Event-Marketing ist keine Mode, sondern ein innovatives Kommunikationsinstrument mit Wachstumschancen in der Zukunft. Es ist sinnvolle Ergänzung zum Kommunikations-Mix.[97]

Kunden wollen auch im Autohaus immer stärker unterhalten werden. Dazu eignen sich Events mit einem hohen Wert an Erlebnis. Ein im Autohaus

---

92 Vgl. Diez, Willi; 2000, S. 567

93 Vgl. Brachat, Hannes; 1997, S. 296

94 Vgl. Diez, Willi; 2000, S. 567

95 Vgl. Diez, Willi; 2000, S. 567

96 Vgl. Gebhardt, Winfried; Events, 1. Aufl., Leske + Budrich-Verlag, Wuppertal, 2000, S. 18-21

97 Vgl. Zanger, Cornelia; Eventmarketing, in: Branchenspezifisches Marketing von Tscheulin, Dieter K.; Helmig, Bernd; 1. Aufl., Gabler-Verlag, Wiesbaden, 2001

veranstaltetes Event muss auch nicht immer einen direkten Bezug zum Produkt Auto haben. Mögliche Events in einem Autohaus können z. B. eine Kunstausstellung, ein Politereignis, ein Konzert, eine Gebraucht-Sportartikelmesse bis hin zu einem CD-Tauschmarkt oder einer Tauben- und Hasenausstellung sein. Dem kreativen Kooperationsgeist seien hier keine Grenzen gesetzt.[98]

7.3.7 Messen und Ausstellungen

Da Messen und Ausstellungen eine stark emotionalisierende Kommunikationsplattform sind, werden diese auch künftig eine hohe Bedeutung haben. Einzig die Kunst, den Kunden am Ort der Ausstellung über einen längeren Zeitraum zu halten, wird eine Herausforderung darstellen. Daher wird die Kommunikation im Vorfeld einer Messe oder Ausstellung maßgeblich für den Messeerfolg mitverantwortlich sein.[99]

Ein weiterer Punkt, der in diesem Zusammenhang als wichtig erscheint, ist der, dass die Zeiten, in denen Freibier und ein Hubschrauberrundflug der kommunikative Inhalt einer Veranstaltung waren, vorbei sein sollten. Besser ist es, die Besonderheiten eines jeden Fahrzeuges herauszustellen, z. B. hat ein neuer Geländewagen ein ideales Umfeld, wenn adäquate Off-Road-, Abenteuer- oder Sportfilme gezeigt werden. Weitere Möglichkeiten für Präsentationen eines neuen Fahrzeuges wären:[100]

- Geschicklichkeitsrallyes
- Neuwagenschau mit Quiz (Beantwortung von Fragen zum jeweiligen Modell, Antworten auf Preisauszeichnungsschilder)
- Probefahrt mit Picknick
- Fahrer-Wettbewerb (Übungen, Kennenlernen der Fahrzeugvorteile fördern)
- Film- / Fotoausstellung „Mein Auto und ich"

Autohäuser könnten sich beispielsweise auch gute Beispiele aus der Gastronomie aneignen. Hier stehen freundliches Service und eine nette Atmosphäre sehr oft im Vordergrund.[101]

---

98 Vgl. Brachat, Hannes; 1997, S. 225
99 Vgl. Diez, Willi; 2000, S. 567
100 Vgl. Brachat, Hannes; 1997, S. 288-289
101 Vgl. Brachat, Hannes; 1997, S. 289

7.4 Behavior

Neben mangelnder Fachkompetenz treten des Öfteren mangelnde soziale Kompetenzen auf. Davon ausgehend, dass ca. 70 Prozent aller Kundenverluste im Autohaus von Verhaltensfehlern des Personals ausgelöst werden, muss man sich die Frage stellen, wie ich es besser machen kann.[102]

7.4.1 Kundenorientiertes Verhalten im Verkauf

Meistens entscheidet bereits der erste Eindruck. Hierbei treten einige konkrete Fragen auf, die zu beantworten sind, die sich das Autohauspersonal stellen sollte[103], denn *wer Zitronen sät, wird verzerrte Gesichter ernten!*[104]

- Freue ich mich über den Besuch des Kunden? Der Kunde spürt, wenn er jemandem zur Last fällt.
- Will ich wirklich den Auftrag haben?
- Wie lange muss ein Kunde warten, bis er angesprochen wird?
- Werden Kundenbedürfnisse festgestellt?
- Was will der Kunde wirklich haben?
- Worin liegt der konkrete Nutzen für den Kunden?
- Sind hohe Preisnachlässe Hauptthema des Verkaufsgesprächs, oder weiß der Verkäufer, was es für den Kunden interessant macht, gerade in seinem Autohaus zu kaufen? Welches Preisbewusstsein strahlen Sie aus?
    - Werden immer Probefahrten angeboten, und finden sie unter Beteiligung des Verkäufers statt?
    - Wie werden Angebote dem Kunden ausgehändigt, sind Leasing-, Finanzierungs- und Versicherungsangebote fester Bestandteil eines jeden Verkaufsgesprächs?
    - Kann das Verkaufsgespräch in einer ungestörten Atmosphäre abgehalten werden?
    - Wie ist meine innere Einstellung, will ich den Auftrag haben?

---

[102] Vgl. Brachat, Hannes; 1997, S. 19
[103] Vgl. Brachat, Hannes; 1997, S. 19
[104] Brachat, Hannes; 1997, S. 23

Einer der wichtigsten Punkte im Verkauf ist die Aufrechterhaltung der Beziehung zum Kunden. Hierbei gilt:[105]

- Halten Sie die Beziehung zu Ihrem Kunden lebendig!
- Was kann ich täglich aktiv für jeden Kunden machen?
- Was müssten wir tun, hätten wir nur einen Kunden?

Das Autohaus von heute muss erkennen, dass es eine klare Abgrenzung zwischen fachlicher und sozialer Kompetenz gibt. Die ausschlaggebende Wirkung auf den Erfolg hat jedoch die soziale Kompetenz (Orientierungs-, Kommunikations-, Prozesskompetenz), eine fachliche Kompetenz wird vom Kunden vorausgesetzt.[106]

Neben diesen Fragen kommt der Komponente der Fahrzeugauslieferung noch eine sehr hohe Bedeutung zu. Wie wird die Fahrzeugauslieferung zelebriert? Geschieht alles mit einer guten Laune? Nichts ist ansteckender als Lachen und gute Laune. Die große Herausforderung im Verkauf ist also der Schritt vom Handwerker zum Kommunikator. Dies nicht nur im direkten Verkauf, nein, auch in allen anderen Bereichen des Autohandels, von der Buchhaltung bis hin zum Service.[107]

Somit geht es um die Kunst im Kundenumgang, Kommunikation schafft Vertrauen. Wer das beste Verkaufsteam hat, wird künftig die besten Erfolge erzielen können. Erst wer sein Personal als Erfolgs- und nicht als Kostenfaktor ansieht, ist in der Lage, erfolgreich zu sein.[108]

Abschließend werden noch ein paar Leitsätze von Brachat eingebracht, die zu einer Verbesserung des Personals beitragen sollen:[109]

1. *Der Wettbewerb wird über die Qualität der Mitarbeiter ausgetragen.*
2. *Nur zufriedene Mitarbeiter schaffen zufriedene Kunden!*
3. *Wir brauchen ein positives Menschenbild!*
4. *Behandeln wir Mitarbeiter wie unsere Kunden!*
5. *Information ist die wirkungsvollste Motivation.*
6. *Erfolgserlebnisse durch Lob und Anerkennung schaffen.*
7. *Gesamtaufgaben delegieren und dadurch mehr Sinn stiften.*

---

[105] Vgl. Brachat, Hannes; 1997, S. 19-20
[106] Vgl. Brachat, Hannes; 1997, S. 21
[107] Vgl. Brachat, Hannes; 1997, S. 19
[108] Vgl. Brachat, Hannes; 1997, S. 22
[109] Brachat, Hannes; 1997, S. 60

8. *Für jeden Mitarbeiter klare Ziele setzen.*
9. *Begeisterung für die gemeinsam erarbeiteten Ziele schaffen.*
10. *Seien Sie Vorbild!*
11. *Forcieren Sie die systematische Weiterbildung.*
12. *Haben Sie offene Ohren für Verbesserungsvorschläge.*
13. *„Wir-Gefühl" schaffen!*
14. *Immer wieder über Kundenerwartungen sprechen.*
15. *Freundlichkeit ist Bestandteil der Unternehmenskultur.*
16. *Nutzen Sie geeignete Benefit-Systeme.*
17. *Halten Sie schriftliche Arbeitsverträge.*
18. *Führen Sie jährliche Leistungsbeurteilungsgespräche.*

7.5 Die Erlebnisauslieferung

Der emotionale Höhepunkt eines jeden Verkaufsgeschäftes ist die Fahrzeugauslieferung. Gerade hier kann man sich klar vom Mitbewerb differenzieren. Erlebnisauslieferung ist das passende Wort. Erleben schaffen, es soll ein Ereignis einprägsam festgehalten werden, Bilder bleibender Erinnerung sollen entstehen. Die Vorzüge einer perfekten Erlebnisauslieferung tragen einen wirkungsvollen Beitrag zu einer Mund-zu-Mund-Propaganda bei. Sie emotionalisiert den Höhepunkt des Autokaufs und macht den Auslieferungstag zum Freudentag des Kunden. Denn auf einen guten Start kommt es an, der erste Eindruck ist entscheidend, doch der letzte der bleibende.[110]

Die zu setzenden Aktivitäten reichen von einer Auslieferungstafel, die einen Überblick über die Auslieferungen des Tages geben soll – nehmen sie sich ein bis eineinhalb Stunden Zeit dafür -, bis hin zur Übergabe des Auslieferungsfotos ca. zehn Tage nach Auslieferung. Hier sind den kreativen Vorschlägen keine Grenzen gesetzt. Einen Überblick über mögliche zu beachtende Punkte soll nachstehende Abbildung für eine Erlebnisauslieferung geben:[111]

[110] Vgl. Brachat, Hannes; 1997, S. 136
[111] Vgl. Brachat, Hannes; 1997, S. 136-137

Erlebnisauslieferung

1. Jeden Morgen Eintrag in die Auslieferungstabelle.

2. Fahrzeug in die Auslieferungshalle stellen (Maximalzahl festlegen).

3. Fahrzeug ist drei Stunden vor Auslieferungstermin in auslieferbereiten Zustand: Qualitätszertifikat liegt vom Aufbereiter und vom Verkäufer unterschrieben vor.

4. Fahrzeug mit Tuch abdecken.

5. Kurz bevor der Kunde kommt, Auslieferungshalle vorbereiten: Getränke vollständig, saubere Gläser vorhanden, gewünschte Musikrichtung einlegen, Scheinwerfer der Ausstellungshalle einstellen und einschalten, eventuell Blumenstrauß für die Käuferin/Frau/Begleiterin bereitstellen, eventuell Kinderpräsente bereitstellen, Fotoapparat mit Stativ aufbauen, Sauberkeit der Ausstellungshalle überprüfen.

6. Kunde über einen gezielten Weg in die Auslieferungshalle führen.

7. Verkäufer überreicht das Qualitätszertifikat und entfernt das Tuch. Musik läuft. Jetzt ist der richtige Zeitpunkt für das gemeinsame Foto. Ein Bild mit und ohne Verkäufer. Dann Scheinwerfer abstellen und Getränke anbieten.

8. Rundgang um das Auto und Probesitzen.

9. Der Kunde erhält die Fahrzeugunterlagen – formelle Abwicklung.

10. Fahrzeugerklärung (die wichtigsten Details).

11. Mit dem Kunden zum Altwagen gehen und persönliche Utensilien in Plastikkorb legen (Kassetten, Warndreieck, Autoapotheke u. a.).

12. Kunden eine Betriebsführung anbieten. Vorstellung des Service-Meisters. Erklärung der Direktannahme.

13. Glückwünsche und Übergabe der Geschenke, ebenso Schlüsselübergabe und Probefahrtofferte. Überreichen der Visitenkarte des Verkäufers und der Service-Mitarbeiter.

14. Ausstellhalle aufräumen (Tuch, Gläser, Flaschen usw.).

15. Foto ca. zehn Tage nach Auslieferung persönlich beim Kunden vorbeibringen oder mit gezielter Karte zuschicken.

Abbildung 5: Auslieferungssystematik

Quelle: Brachat, Hannes; 1997, S. 137

8 Zusammenfassung des theoretischen Teils

Es wurde gezeigt, dass der Automobilmarkt und das Automobil-Marketing einer ständigen Veränderung unterliegen. Ferner wurde auch auf die veränderte Kundenstruktur, die Kommunikation und die Beziehung zwischen Importeur und Händler hingewiesen. Um die Vielfältigkeit von möglichen Markteinführungen darzustellen, wurden in einem weiteren Schritt Modelleinführungen in der Automobilbranche näher beleuchtet sowie einige praktische Fallbeispiele aus der Praxis erläutert.

Nach einer kritischen Analyse des Konzepts der Corporate Identity und der Erkenntnis, dass ein CI-Konzept sich für die Standardisierung von Modell-Neueinführungen nicht eignet, jedoch ein Corporate Launch-Modell in Anlehnung an die Corporate Identity denkbar ist, ging es im nächsten Schritt davon, geeignete Aktivitäten im Rahmen einer Modell-Neueinführung darzustellen.

Aufgrund der Erkenntnisse aus dem theoretischen Teil werden für die weitere Untersuchung folgende Schlüsse gezogen:

- Importeurseitige Händlerstandards für Modell-Neueinführungen sind notwendig, um ein einheitliches Kommunikationsauftreten nach außen hin zu gewährleisten.
- Ein Corporate Launch-Modell in Anlehnung an ein Corporate Identity-Konzept könnte ein mögliches Tool sein.
- Vorgegebene Corporate Lauch-Aktivitäten in Bezug auf die Instrumente der Corporate Identity sollen dem Händler eine aktive Unterstützung bieten.

Aus den genannten Erkenntnissen heraus soll der folgende Teil die Umsetzung in der Praxis darstellen. Im Gegensatz zum theoretischen Teil, der als Basis literarische Werke hat, wird der praktische Teil aus einer rein konzeptionellen Basis bestehen. Hierbei wird es um die Konzeption von geeigneten Maßnahmen im Rahmen von Modelleinführungen gehen. Die Umsetzung und die Implementierung der Maßnahmen eines Corporate Launch werden ebenfalls Thema des praktischen Teils sein.

Arbeite die Vorteile für die Zielgruppe heraus und versetze dich dabei in die Lage derer, die es lesen müssen. Betrachte die Leser deiner Arbeit als deine Freunde und denk dabei daran, wie du mit deinen Freunden umgehst (Eigenzitat).

9 Ermittlung der involvierten Personen und Start des Projekts

9.1 Vorwort

Die Erkenntnisse aus dem theoretischen Teil haben gezeigt, dass Vorgaben des Importeurs in Form von Standards in Bezug auf Modell-Neueinführungen notwendig sind, um ein einheitliches Kommunikationsauftreten nach außen hin zu gewährleisten.

Der konzeptionelle Teil der Untersuchung beschäftigt sich ganz mit dem Thema der Corporate Launch-Aktivitäten. Ferner gilt es, Corporate Launch-Aktivitäten zu kreieren, in ein Corporate Launch-Manual zu verpacken und dieses in der Mazda Austria-Organisation zu implementieren.

Die konzeptionelle Erstellung des praktischen Teils beschäftigt sich mit der grundlegenden Erarbeitung und der Umsetzung von Instrumenten bei Modell-Neueinführungen für die Mazda-Händler. Es wird jedoch darauf geachtet, dass ein starker Zusammenhang zwischen Theorie und Praxis besteht und dass die theoretischen Erkenntnisse einen starken Einfluss auf die Konzeption haben.

Die Entscheidung der Einführung eines Manuals für Modell-Neueinführungen

Mazda Austria erkannte in den letzten Jahren, dass die sonst gute Durchgängigkeit von Kommunikationsmaßnahmen bei Modell-Neueinführungen und den damit verbundenen Eigeninitiativen der einzelnen Händler nicht konstant ist. Härtere Marktverhältnisse, veränderte Kundenstrukturen und der dynamische Wandel, sowie eine zu geringe importeursseitige Unterstützung waren die Gründe dafür. Es wurde erkannt, dass der Händler in der Phase einer Modellneueinführung mehr an Unterstützung benötigt und dass dies einheitlich über die gesamte Organisation geschehen sollte. Aus diesem Grund entschied die Mazda Austria GmbH Mitte 2002, dieses erkannte Problem aufzugreifen und geeignete Lösungsansätze auszuarbeiten. Für die Analyse, Ausarbeitung und Erstellung geeigneter Maßnahmen wurde Hr. Frank, Product Manager der Mazda Austria, ausgewählt. Die Erarbeitung der Problematik und der Lösungsvorschläge sollte im Rahmen der Untersuchung geschehen. Die Kombination des Erlernten aus dem Studium für Marketing, die Unterstützung durch literarische Werke und das nötige Maß an konzeptionellem Geschick sollten Basis für die Aufarbeitung der Thematik sein.

9.3 Interne und externe Beteiligte

Um dem Projekt die notwendige Transparenz und Professionalität zu geben, galt es vorab, die beteiligten Personen festzulegen sowie die Verantwortung und die Kompetenzen zu verteilen. Als Projektleiter und Hauptverantwortlicher wurde Hr. Frank festgelegt. Unterstützend zur Seite wurden die Abteilungen Marketing, Verkauf und PR gestellt. Um eine zu einsichtige Betrachtungsweise zu verhindern, wurde auch auf die Hilfe eines externen Beraters (DA-Betreuer) zurückgegriffen. Des Weiteren wurde für die grafische Gestaltung eine Agentur beauftragt, auf dessen Aufgaben in einem der weiteren Punkte noch näher eingegangen wird.

9.4 Rahmenbedingungen des Projekts

Um das Projekt auch den Anforderungen entsprechend erfolgreich auszuführen, wurden für die Abwicklung Rahmenbedingungen festgelegt. Diese beinhalteten folgende Punkte:

- Zeitplan erstellen und Meilensteine definieren
- Zwischenresümee präsentieren und Abstimmung aller Maßnahmen mit den beteiligten Personen
- Genehmigung des Projekts durch die Geschäftsführung

Diese gegliederten Bedingungen sollten die straffe Einhaltung des Terminplans sowie die Gewährleistung der inhaltlichen Komponente sicherstellen und das Projekt zu einem erfolgreichen Ergebnis bringen.

10 Die Phase der Vorbereitung

10.1 Die Erhebung der Ist-Situation

Wie bereits erwähnt, wurde bis zum jetzigen Zeitpunkt die gesamte Durchführung von Modell-Neueinführungen immer in die Verantwortung der einzelnen Händler gegeben. Seitens der Mazda Austria gab es zwar unterstützende Maßnahmen, einheitliche Richtlinien und Vorschläge, wie eine Modell-Neueinführung zu gestalten ist, jedoch nicht. Die Ist-Situation stellt sich demzufolge wie folgt dar:

- Uneinheitliche Auftritte in punkto Ladengestaltung, Dekoration und POS-Material
- Unterschiedliche Präsentationen der neuen Modelle
- Verschiedene Veranstaltungen zu einem Modell mit unterschiedlichen Botschaften
- Zielgruppen wurden vernachlässigt und falsche Zielgruppen angesprochen
- Uneinheitliche Kommunikation zum Kunden und anderen externen Personen hin
- Uneinheitliche Kommunikation unter den einzelnen Mitarbeitern der Betriebe
- Ungleiche Produktkenntnisse unter den einzelnen Händlern führten zu Missständen
- Nachbearbeitung von Interessenten wurde teilweise überhaupt nicht gemacht

Als Basis für die Erhebung der Ist-Situation galten Gespräche mit den Mitarbeitern der Mazda Austria, Berichte der Außendienstmitarbeiter und persönliche Eindrücke am POS. Zunächst galt es jedoch, die Aktivitäten des Mitbewerbs zu erheben.

10.2 Die Erhebung des Mitbewerbs

Um einen einheitlichen Kommunikationsauftritt zu gewährleisten, organisieren gewisse Marken ihre Modell-Neueinführungen einheitlicher, manche weniger. Manche bieten den Händlern eine große Unterstützung, manche fast keine.

Um sich ein Bild vom Mitbewerb zu machen, inwieweit es händlerunterstützende Maßnahmen gibt, galt es, Informationen von diversen Automarken zu bekommen. Dies stellte sich jedoch als sehr schwierig dar. Fast alle Automarken gaben sich sehr bedeckt und verweigerten die Herausgabe von relevanten Informationsmaterialien, wohl auch wegen der Angst, unternehmensinterne Daten und Vorgaben an die Mitbewerber weiter zu geben. Somit wurde auch die Erhebung der einzelnen Aktivitäten der Automarken und die damit verbundenen Vorgaben zu einem schwierigen Unterfangen. Nachstehende Tabelle zeigt die Bereitschaft der einzelnen Automarken, Informationen über diverse Modell-Neueinführungs-Aktivitäten zu geben.

Marke	Angeschrieben per E-Mail	Antwort erhalten	Responsezeit in Arbeitstagen	Unterlagen zugeschickt	Unterlagen erhalten in Tagen
ALFAROMEO	X	X	2		
AUDI	X	X	3	X	5
BMW	X	X	1		
CITROEN	X	X	4	X	4
FIAT	X	X	2	X	
FORD	X				
LANCIA	X	X	2		
MERCEDES	X				
OPEL	X	X	3	X	4
PEUGEOT	X				
PORSCHE	X	X	9		
RENAULT	X	X	1		
SKODA	X	X	4		
TOYOTA	X	X	1		
VW	X	X	9	X	12

Die Erhebung des Mitbewerbs ergab, dass sowohl unterstützende als auch zwingende Vorschläge in Bezug auf eine Modell-Neueinführung vorgegeben werden. Es sei dabei jedoch zu bemerken, dass der zwingende Teil sich auf Bestellungen diverser POS-Materialien oder die Verwendung eines einheitlichen Slogans beschränkt. Der überwiegende Teil beschäftigt sich mit Vorschlägen zur Gestaltung einer Modell-Neueinführung, Tipps und Terminvorschlägen, wann Aktivitäten gesetzt werden sollten.

Eines sei jedoch zu bemerken. Keine der erhaltenen Unterlagen enthielt eine konkrete Anleitung für eine Modell-Neueinführung im Allgemeinen. Alle unterstützenden Vorlagen beschränkten sich immer speziell auf ein neu einzuführendes Modell.

Generell kann man aber davon nicht ausgehen, dass alle Marken die gleiche Strategie verfolgen, da nicht alle Materialien der verschiedenen Marken untersucht werden konnten.

Es sei jedoch zu erkennen, dass die Wahrscheinlichkeit eher gering ist, dass Marken auch ein allgemein gehaltenes Manual für Modell-Neueinführungen den Händlern zur Verfügung stellen, obwohl die allgemein zu beachtenden Punkte immer die gleichen sind. Somit ergab sich für die weitere Erarbeitung folgende Soll-Situation:

10.3 Festlegung der Soll-Situation

Die Festlegung der Soll-Situation wurde in Absprache mit den beteiligten Personen des Projektes erstellt. Sie ergab sich aus der Ausgangssituation und Problemstellung, dem Mitbewerb und den Vorstellungen der Mazda Austria. Die Soll-Situation deckt sich mit den einzelnen Punkten der Ziele der praktischen, konzeptionellen Untersuchung, siehe auch Punkt 3.3.2 des theoretischen Teils.

Ziel des Kapitel 11 ist es, ein allgemein gehaltenes Händler-Modell-Neueinführungs-Instrumentarium zu erarbeiten, das für die einzelnen Phasen einer erfolgreichen Modell-Neueinführung einen einheitlichen Auftritt nach außen hin gewährleisten soll. Das Ausformulieren der zu treffenden Maßnahmen sowie die Erarbeitung von Lösungsvorschlägen zur Implementierung des Konzepts in der Organisation sollen ebenso Inhalt sein. Des Weiteren wird festgelegt, dass das Manual allgemeine Gültigkeit haben soll und für alle Modell-Neueinführungen anwendbar ist. Daraus resultiert eine Kostenersparnis; modellspezifische Unterschiede, die eine Auswirkung auf die Modell-Neueinführung haben, sollen gesondert den Händlern zur Verfügung gestellt werden.

11 Das Konzept des Corporate Launch Manuals

11.1 Der Titel

Der Formulierung der Standards und des Titels muss eine hohe Priorität zugeschrieben werden. Mit einer falschen Umschreibung eines solchen Paketes könnte eine frühe Ablehnung erreicht werden, die ein Scheitern des Projektes mit sich ziehen könnte. So könnte eine Formulierung des Titels wie etwa „Händler-Standards für neue Modelle" keine hohe Akzeptanz bringen. Eine Formulierung wie z. B. „Corporate Launch-Aktivitäten für Modell-Neueinführungen - Schrittweise zum geplanten Erfolg" könnte bereits zu Beginn Interesse an der Thematik wecken.

Es wird daher empfohlen, den Titel einfach zu wählen, das Wort „Standards" zu vermeiden und eine aktive Aufforderung an den Leser mit einzubauen. Eine Empfehlung könnte also lauten: „Händlerleitfaden für Modell-Neueinführungen – Schrittweise zum geplanten Erfolg".

11.2 Der Aufbau

Für den Aufbau des Corporate Launch Manuals wurde eine Struktur entworfen, die sich einerseits an die Instrumente der Corporate Identity (siehe Theorie Kapitel 6) anlehnt, andererseits Aktivitäten aufzeigt, die vom einzelnen Händler durchzuführen sind (siehe Theorie Kapitel 7), sowie unterstützende Maßnahmen seitens der Mazda Austria gibt. Nachfolgender Aufbau veranschaulicht den Aufbau des Corporate Launch Manuals.

Abbildung 6: Aufbau des Corporate Launch Manuals, Quelle: eigene Darstellung

Die Untergliederung teilt sich in drei Hauptpunkte auf und wird durch eine Einleitung und eine Schlussbemerkung inklusive Anhang abgerundet.

Der erste Punkt beschäftigt sich mit den Instrumenten der Corporate Identity und soll dem Leser Anreize und Denkanstöße geben, die eine Auswirkung auf das Erscheinungsbild des Unternehmens, die Kommunikation und auf das Verhalten haben. Die Wichtigkeit eines einheitlichen Designs, wie auch in Kapitel 6 beschrieben, soll dem Leser vor Augen gehalten werden. Ferner soll es eine leicht zu lesenden Einleitung der Thematik sein, die in Form von einfachen Sätzen und Zusammenhängen seine Niederschrift finden soll.

Der zweite Punkt, der auch gleichzeitig den Hauptteil darstellt, soll Aktivitäten aufzeigen, die der Händler in den einzelnen Phasen einer Modellneueinführung zu setzen hat. Diese Aktivitäten reichen von der Phase der Planung, dem Vorverkauf hin zur Einführung bis zur Phase der Nachbearbeitung. Der Hauptteil soll also darstellen, wie eine Einführung von Beginn bis zum Ende durchgeführt werden soll, um sie zum Erfolg zu bringen. Als Basis dafür gilt das Kapitel 7, in dem verschiedenste Aktivitäten aufgezeigt wurden, sowie Befragungen der Händler die im Jahre 2002 in Österreich und Deutschland Bestandteil einer Schulung waren.

Der dritte Punkt beschreibt die unterstützenden Maßnahmen, die seitens der Mazda Austria angeboten werden sollen. Eine übersichtliche und transparente Zeitplanung sowie diverse Checklisten sollen dem Händler die unterstützenden Arbeitsmaterialien zur Umsetzung bieten, um einen einheitlichen, kundenfreundlichen Auftritt im Verkauf zu gewährleisten, wie von Brachat gefordert, siehe Kapitel 6.

Wichtig erscheint noch, dass das Wording einfach sein soll, die Aussagen auf den Punkt gebracht werden müssen und das der direkte Vorteil für den Anwender in jedem Kapitel explizit herausgearbeitet werden muss. Auf den Punkt gebracht bedeutet das ein einfaches klares Wording, sowie Aussagen auf den Punkt zu bringen und Vorteile für den Anwender transparent herauszuheben.

Dadurch soll das Interesse des Lesers lange Zeit aufrechterhalten bleiben. Die Anwendungen sollen zeigen, wie jeder einzelne Händler durch die aktive Umsetzung seinen eigenen Nutzen daraus zieht.

Für den Inhalt der einzelnen Kapitel wird nachstehende Übersicht vorgeschlagen. Die einzelnen Themenbereiche sollen eine Gesamtmodell-Neueinführung abdecken und sie detailliert beschreiben.

Aufbau und Inhalte des Corporate Launch Manuals

Vorwort
Inhaltsangabe

1 Instrumente des CL

1.1 Design
- Ort des Wohlbefindens
- Steigende Ansprüche
- Optimierte Prozesse
- Aktive Outletgestaltung
- Dekorationskonzept
- POS-Material
- Gestaltung Verkaufsunterlagen
- Kontinuität als Voraussetzung
- Optik der Verkaufsmannschaft
- Optischer Gesamteindruck

1.2 Kommunikation
- Botschaften anbringen
- Kommunikationsbereitschaft
- Presse
- Crossmedia-Dialog
- Klassische Werbung
- Direkt- und Internetwerbung
- Abstimmung der Instrumente
- Mitarbeiter-Kommunikation
- Offene Kommunikationspolitik
- Kommunikation als Erfolgsfaktor

1.3 Verhalten
- Kundenorientiertes Verhalten
- Soziale Kompetenzen
- Verhaltensfehler des Personals
- Auftritt / Umgangsformen
- Vermitteln von Markenwerten
- Führungsstile
- Vorbildwirkung

2 Aktivitäten des CL

2.1 Planung
- Verantwortliche festlegen
- Organisationsteam
- Kostenrahmen erstellen
- Ziele definieren
- Zielgruppen
- Programm entwickeln
- Terminplan erstellen
- Kapazitäten bereitstellen

2.2 Vorverkauf
- Kundenstamm überprüfen
- Angebote unterbreiten
- Mitarbeiter informieren
- Schulungen nutzen
- Direktmarketing

2.3 Einführung
- Optischer Eindruck
- Einführungsveranstaltung
  - Rahmenbedingungen
  - Kinderprogramm
  - Gesamteindruck
  - Gäste
  - Enthüllung
  - Fotos der Veranstaltung
  - Kontakte / Kooperationen
  - Presse
  - VIP-Veranstaltung
  - Andere Veranstaltungen
  - Messen und Ausstellungen
  - Alternative Orte der Präsentation

2.4 Nachbearbeitung
- Kundendaten
- Bewertung der Modell-Neueinführung
- Erlebnisauslieferung
- Erfolgskontrolle

3 Support für CL

3.1 Zeitplanung
- Modell-Neueinführungs-Master-Plan
  Einseitige Übersicht über Termine zur MNE

3.2 Checklisten
- Generelle Planung des CL
- Planungsablauf
- Vorverkaufsplanung
- Einführungsplanung
- Nachbearbeitungsplanung

3.3 Arbeitsmaterialien
- Presseinformationen
- Mailings / Musterbriefe
- Redemanuskript

3.4 Abschließende Tipps
- Kundenorientiertes Verhalten
- Das Verkaufsgespräch
- Atmosphäre im Autohaus
- Allgemeine Tipps für MNE

Schlussbemerkung
Anhang

Abbildung 7: Aufbau und Inhalte des Corporate Launch Manuals

Quelle: eigene Darstellung

Zusammenfassend kann gesagt werden, dass die Inhalte des Manuals Denkanstöße geben, Umsetzungsaktivitäten aufzeigen und die notwendigen Hilfestellungen in Form von Checklisten und diversen Arbeitsmaterialien zur Verfügung stellen sollen. Im Kapitel 12 werden die einzelnen vorgeschlagenen Kapitel ausformuliert und näher beschrieben.

12 Die konzeptionelle Umsetzung der Inhalte des Manuals

12.1 Das Vorwort

Das Vorwort soll eine kurze Übersicht über die anstehende Thematik geben und den Leser sanft zu den eigentlichen Inhalten führen. Folgende Inhalte werden für das Vorwort vorgeschlagen:

- Marktübersicht
- Neue Modelle 2003
- Problematik kurz beschreiben
- Vorteil für den Leser herausarbeiten

Der Umfang des Vorwortes sollte eine halbe Seite nicht übersteigen, ansonsten kann man bereits frühzeitig Leser verlieren. Nachstehendes Vorwort wird als Empfehlung empfohlen:

Auch wenn wir mit unseren neuen Produkten wie den Mazda6 wieder ganz vorne mitspielen, so dürfen wir dennoch nicht vergessen, dass der Mitbewerb nicht ruht und das unsere Produkte keine Selbstläufer sind. Aus diesem Grund bedarf es einer Fortführung einer konsequenten Planung unserer Aktivitäten sowohl von unserer als auch von Ihrer Seite.

Der vorliegende Modell-Neueinführungs-Leitfaden wurde von Mazda Austria entwickelt, um Ihnen Möglichkeiten für erfolgreiche Modell-Neueinführungen aufzuzeigen.

Auf den folgenden Seiten finden Sie eine Unterlage, die Ihnen Denkanstöße geben soll, Aktivitäten rund um eine Modell-Neueinführung aufzeigt und unterstützende Materialien zur Verfügung stellt. Bei allen Aktivitäten geht es darum, die Marke „Mazda" zu stärken und Volumen zur Rentabilitätssteigerung Ihres Betriebes zu erzielen.

Nutzen Sie den Leitfaden aktiv, geben Sie ihn an Ihre Mitarbeiter und Kollegen weiter. Besprechen Sie die Inhalte und deren Umsetzung, und vor allem – handeln Sie danach! Sie werden den Leitfaden schätzen lernen und ihn bei Ihrer täglichen Arbeit nutzen. Der Leitfaden wurde so konzipiert, dass er ständig erweitert werden kann und so ein lebendiges Werkzeug des täglichen Geschäfts darstellen soll.

12.2 Die Instrumente einer Modell-Neueinführung

Folgendes Kapitel beschäftigt sich mit den Instrumenten einer Modell-Neueinführung in Bezug auf die Instrumente einer Corporate Identity. Die drei Instrumente Design, Kommunikation und Verhalten und deren Bezug auf Modell-Neueinführungen werden auf jeweils einer Seite dem Leser vermittelt. Es wird empfohlen, nachstehende Ausformulierungen für das Manual zu übernehmen. Das Manual könnte mit dem Satz „Der Kluge liest nach, der Unkluge weiß alles besser!" starten.

12.2.1 Design und Erscheinungsbild

„Optimieren, nicht maximieren. Das Bessere, nicht das Größere ist das Ziel" (Brachat).

Der Trend, das Autohaus zu einem kundenfreundlichen Ort mit einem angenehmen Ambiente zu gestalten, begann schon Ende der 80er Jahre. Der Aufenthalt im Autohaus, speziell in der Phase einer Modell-Neueinführung, bei der häufig Kunden von Fremdmarken unser Haus betreten, soll so angenehm wie möglich gestaltet werden. Ihr Autohaus muss ein Ort sein, an dem sich Kunden gerne aufhalten und an dem sie sich wohl fühlen.

Die Ansprüche an das Autohaus steigen mit neuem Kundenkreis (Sauberkeit, Abläufe, Umgang). Einige Autohäuser erfüllten jetzt schon die Kriterien, die auch die Premium-Hersteller als Benchmark gesetzt haben. Bei anderen steht die Optimierung von Prozessen bevor. Wir müssen uns jedoch im Klaren sein, dass es Veränderungen geben muss, um den Ansprüchen anderer, neuer Zielgruppen gerecht zu werden. Versetzen Sie sich in die Lage eines Kunden. Seien Sie ehrlich zu sich selbst, würden Sie sich als Kunde in Ihrem Autohaus wohl fühlen, oder würden Sie einige Punkte erkennen, die Sie ändern könnten?

Für eine aktive Outletgestaltung gehört z. B. auch ein Dekorationskonzept, das sich schwerpunktmäßig orientiert, wie z. B. an neuen Modellen. Ein wichtiger Punkt hierbei scheint die unbedingte Verwendung des empfohlenen POS-Materials. Um den Gesamteindruck für den neuen Kunden abzurunden, ist es sehr wichtig, auf die Gestaltung der Verkaufsunterlagen zu achten. Übersichtlich aufbereitete Unterlagen, alles griffbereit und ohne Eselsohren und Kaffeeflecken. So stellt sich ein Kunde die Optik eines optimalen Autohauses vor. Für alle Aktivitäten ist jedoch Kontinuität Voraussetzung, um den Kunden ein einheitliches Erscheinungsbild zu geben.

Neben der Optik des Autohauses spielen Ihre eigene Optik, Ihr Erscheinungsbild eine tragende Rolle. Wie steht es um Ihre Bekleidung im Verkauf: Arbeitsmantel oder Anzug mit Krawatte? Wie kleiden sich Ihre Mitarbeiter, haben Sie Kleidungsvorschriften? Seien Sie doch ehrlich zu sich selbst, werden Sie selbst lieber im feinen Zwirn oder im Werkstattoutfit bedient?

Erst wenn der Kunde den Eindruck hat, dass der optische Gesamteindruck Ihres Betriebes dem eines Spezialisten der Automobilbranche mit Geschmack und Stil entspricht, ja, erst dann werden sich die meisten Kunden bei Ihnen wohl fühlen und Ihre Dienste schätzen.

12.2.2 Kommunikation nach außen und innen

Kommunikation als eines der wichtigsten Instrumente einer Modell-Neueinführung kann nur funktionieren, wenn Sie sich immer vor Augen halten, dass nur derjenige, der aktiv Kommunikation betreibt, auch seine Botschaften anbringen kann. Wer glaubt, Kommunikation ist nur eine Angelegenheit von großen Unternehmen, täuscht sich. Aktive Kommunikation ist unabhängig von der Unternehmensgröße, sie hängt allein von der Kommunikationsbereitschaft des Betriebes ab.

Nutzen Sie in Zeiten einer Modell-Neueinführung verstärkt alle Kanäle der Kommunikation. Halten Sie gute Kontakte zur lokalen Presse, bereiten Sie fertige Presseartikel vor, oder verwenden Sie die Vorlagen von Mazda. Sie werden sehen, Presseleute freuen sich über jeden guten Bericht, an dem sie nicht mehr viel verändern brauchen.

Neben der Pressearbeit ist das Einsetzen klassischer Werbung ein wichtiger Faktor. Hierbei gewinnt der Ansatz des „Crossmedia-Dialogs", des Dialogs über alle Kanäle, immer mehr an Bedeutung: von Inseraten, Coop-Anzeigen, Direktmarketing über Kooperationswerbung bis hin zur Internetwerbung. Welches Medium Sie auch immer benutzen, eine perfekte Abstimmung aller Marketinginstrumente ist Voraussetzung, damit der Kunde immer mit der gleichen Botschaft angesprochen wird. Eines erscheint noch als wichtig, vermeiden Sie Presseartikel und Anzeigen in der Ausgabe einer Zeitung – der Schein, der Pressetext wurde mit einem Inserat erkauft, könnte aufkommen.

Ein weiterer Punkt in der Kommunikation ist die Art, wie Sie Kommunikation mit Ihren Mitarbeitern in Ihrem Team betreiben. Betreiben Sie eine offene Kommunikationspolitik, oder bedeutet das Weitergeben von Informationen für Sie eine Art von Machtverlust? Keinesfalls sollten Sie so empfinden. Eine aktive Kommunikation ist ein wichtiges Fundament für den Aufbau einer Beziehung. Interne Kommunikation ist ein Erfolgsfaktor! Nutzen Sie diesen Erfolgsfaktor, und betreiben Sie eine offene Kommunikation, geben Sie Informationen weiter, seien Sie keine Wissensinsel, lassen Sie auch andere an Ihrem Wissen teilhaben, Sie werden davon profitieren. Das im Unternehmen vorhandene Know-how muss allen verfügbar gemacht werden. Es schlummert ein großes Ideenpotential in Ihren Mitarbeitern, nutzen Sie es, indem Sie Ihre Mitarbeiter immer auf dem Laufenden halten, Besprechungen abhalten, Kompetenzen und Verantwortung weitergeben und Ihren Mitarbeitern zeigen, wo das Unternehmen steht und wo es hingehen soll. Sie werden hohe Zufriedenheit ernten und motivierte Mitarbeiter vorfinden.

12.2.3 Verhalten nach außen und innen

Im Folgenden geht es um das Verhalten des Autohauses nach außen und nach innen. Wie wird das Autohaus repräsentiert, wie verhalten sich Mitarbeiter und Vorgesetzte gegenüber Kunden?

Das Autohaus von heute muss erkennen, dass es eine klare Abgrenzung zwischen fachlicher und sozialer Kompetenz gibt. Die ausschlaggebende Wirkung wird eindeutig der sozialen Kompetenz zugeschrieben, die fachliche wird vom Kunden vorausgesetzt. Circa 70 Prozent aller Kundenverluste im Autohaus gehen auf Verhaltensfehler des Personals zurück.

Halten Sie sich immer vor Augen, dass es nie eine zweite Chance für den ersten Eindruck gibt. Der erste Augenblick entsteht ohne unser Zutun augenblicklich. Egal ob er günstig oder ungünstig ausfällt, Sie können Ihre Chance erhöhen, indem Sie eine offene Körperhaltung einnehmen, höflich und zuvorkommend und korrekt gekleidet sind sowie Ihre Unterlagen sauber und auffindbar halten.

Sie als Verkäufer von heute sollen nicht nur beispielhaft in punkto Auftritt und Umgangsformen sein, Sie sollen auch die Bereitschaft haben, sich ständig weiterzubilden.

Waren vor zehn Jahren noch detaillierte Technik- und Produktkenntnisse im Verkauf gefragt, so sollte der Verkäufer von heute Markenwerte vermitteln und die vielseitigen Einsatzbereiche der unterschiedlichen Modelle schmackhaft machen können. Vielmehr bedeutet dies ein kundenorientiertes Verhalten, ein Verhalten, das sich an den Wünschen und Bedürfnissen der Kunden orientiert und die Markenwerte vermittelt.

Voraussetzung für solche Mitarbeiter ist jedoch ein offener, transparenter Führungsstil. Wie verhalten sich Führungskräfte in Ihrem Betrieb Mitarbeitern gegenüber? Zeigen Sie selbst ein Verhalten, das Sie auch von Ihren Mitarbeitern fordern? Dazu gehört auch ein offener Dialog und nicht Überlegenheit praktizieren. Eine offene, freundliche und positiv ehrliche Kommunikation gehört ebenso dazu wie Spielregeln und Fairness, sie führen zu Vertrauen und Glaubwürdigkeit.

Jeder Händler trägt seine eigene Verantwortung, wie sich seine Mitarbeiter gegenüber den Kunden verhalten. Seien Sie Vorbild, und zeigen Sie, wie es funktioniert und akzeptieren Sie nur ein Verhalten, das dem Unternehmensbild und der Marke entspricht! Ein altes Sprichwort besagt, jeder Wirt bekommt die Gäste, die er verdient, bzw. das Personal ist so gut oder schlecht wie der Chef.

12.3 Aktivitäten rund um Modell-Neueinführungen

Wie bereits beschrieben, soll der erste Teil des Manuals dem Leser Anreize und Denkanstöße geben, die eine Auswirkung auf das Erscheinungsbild des Autohauses, die Kommunikation und auf das Verhalten haben. Im vorliegenden Kapitel 12.3 wird der große Themenbereich einer Modell-Neueinführung in Einzelteile zerlegt.

Das Kapitel 12.3 hat einen starken Bezug auf das Kapitel 7 des theoretischen Teils und zeigt Aktivitäten rund um Modell-Neueinführungen auf, die ein einheitliches Kommunikationsauftreten nach außen hin gewährleisten sollen. Ferner soll es eine Art Anleitung sein.

12.3.1 Phase der Planung

Um eine Modell-Neueinführung erfolgreich durchzuführen, bedarf es einer genauen Planung aller Aktivitäten. Im Folgenden werden Vorschläge aufgezeigt, die für die Phase der Planung für notwendig angesehen werden. Folgende Punkte sollten im Manual behandelt werden:

- Verantwortliche festlegen
- Organisationsteam zusammenstellen
- Kostenrahmen erstellen
- Ziele definieren
- Zielgruppen definieren
- Programm entwickeln
- Terminplan erstellen
- Kapazitäten bereitstellen

Als einleitendes Statement wird nachstehende Formulierung vorgeschlagen:

Im folgenden Kapitel erhalten Sie Informationen, wie Sie Ihre Modell-Neueinführung durchzuführen haben. Ferner werden Ihnen Aktivitäten von der Planung bis zur Nachbearbeitung aufgezeigt, die von großer Hilfe sein können. Voraussetzung dafür ist jedoch Ihre persönliche Bereitschaft, sie auch konsequent umzusetzen.

Verantwortliche festlegen

Als Erstes soll eine verantwortliche Person festgelegt werden, die für die gesamte Modell-Neueinführung verantwortlich ist. Bei dieser definierten Person sollen alle Fäden zusammenlaufen. Empfehlenswerterweise sollte dies eine Person aus der Geschäftsleitung des Autohauses sein.

Der Verantwortliche für die Modell-Neueinführung hat dafür Sorge zu tragen, dass alle Aktivitäten gemeinsam zum Erfolg führen. Nebenbei sind seine Aufgaben die Freigabe aller zu treffenden Maßnahmen und Aktivitäten, die Hauptkoordination, die Führung und Motivation des Teams und die Kontrolle aller Aktivitäten. Der Verantwortliche soll die Fähigkeit besitzen, Verantwortung und Kompetenzen abzugeben.

→ Der Verantwortliche ist Führer, Koordinator und Motivator.

Gemeinsame Ziele sorgen für ein Zugehörigkeitsgefühl und sagen: „Ich werde für wichtig genommen, und meine Vorschläge tragen einen Teil für den Gesamterfolg bei." Mit dieser gemeinsamen Zielvereinbarung schaffen Sie ein höheres Maß an Identifikation mit dem Einführungsprogramm, eine höhere Einsatzbereitschaft ist das Ergebnis.

→ Sorgen Sie für klare Abgrenzungen der Zuständigkeiten.

Organisationsteam zusammenstellen

Um die beschlossenen Maßnahmen auch umzusetzen, bedarf es eines Teams. Die Mitglieder des Organisationsteams sind dem Verantwortlichen direkt zugeordnet. Die Hauptaufgaben des Teams sind die Organisation, die Umsetzung aller gesetzten Aktivitäten sowie die terminliche Einhaltung des Einführungsprogramms.

Die Größe des Organisationsteams hängt von der Größe des Betriebes ab, sollte jedoch zwei Personen nicht unterschreiten. Die Personen des Teams sollten über eine hohe Einsatzbereitschaft verfügen, organisatorische Fähigkeiten besitzen und Aufgaben delegieren können.

→ Ein „Wir-schaffen-es-Gefühl" erzeugen

Schaffen Sie ein Verhältnis in Ihrem Team, das eine Kommunikation unter den Beteiligten fördert. Halten Sie eine offene Kommunikation, und geben Sie alle Informationen weiter, halten Sie keine Informationen zurück, das Wissen benötigt das Team, nicht nur Sie allein.

Kostenrahmen erstellen

Um eine Kontrolle des Einführungsprogramms zu ermöglichen, ist es auch notwendig, einen Kostenrahmen zu erstellen. Empfehlenswerterweise sollte der Kostenrahmen für alle Modell-Neueinführungen eines Jahres bereits bei der Jahres-Marketingplanung festgelegt werden.

Der Kostenrahmen umfasst alle in Zusammenhang mit der Modell-Neueinführung anfallenden Kosten. Kosten für Modell-Neueinführungen sind beispielsweise die Verschönerung des Verkaufsraumes, Einladungen, Anzeigen in der lokalen Presse, die Einführungsveranstaltung bis hin zu Kosten einer externen Vergabe der Nachbearbeitung.

Ziele definieren

Generelles Ziel einer Modell-Neueinführung ist es, eine möglichst hohe Begehrlichkeit für das neue Mazda-Modell zu erzeugen. Ferner soll dadurch das positive Image verbessert und die Marke Mazda gestärkt werden. Mit welchen Argumenten und Mitteln diese Begehrlichkeit am besten geweckt wird, erfahren Sie im Vorfeld einer Modell-Neueinführung direkt von Mazda (z. B. Rundschreiben, Tagungen oder auch Produkt-Trainings).

→ Besuchen Sie und Ihre Mitarbeiter unbedingt alle von Mazda im Rahmen der Modell-Neueinführungen angebotenen Veranstaltungen und Schulungen.

Legen Sie für die Modell-Neueinführung Ziele für Ihren eigenen Betrieb fest. Ihre Ziele können vielfältig sein, sie sollten aber auf jeden Fall realistisch und erreichbar sein. Ziele einer Modell-Neueinführung könnten beispielsweise sein:

- Aussendung eines Direktmails mit Gewinnspiel – Responsrate von 2 Prozent
- Fünf fixe Verkaufsabschlüsse in der Vorverkaufsphase
- Zwei Veranstaltungen mit je 300 Gästen

- 50 Termine pro Veranstaltung für eine Probefahrt – 20 Prozent Abschlussrate fix
- Fünf fixe Kaufabschlüsse während der Veranstaltung
- Drei halbseitige Presseartikel in den lokalen Medien über die Veranstaltung
- 50 fixe Kundenbestellungen in drei Monaten (20 vor, 30 nach Einführung)
- usw.

Je realistischer Sie Ihre Ziele über die gesamte Phase einer Modell-Neueinführung planen, je erreichbarer werden Sie. Feiern Sie den gemeinsam erreichten Erfolg mit Ihrem Team!

Zielgruppen definieren

Das Wissen um die Zielgruppe ist gerade in der Phase der Modell-Neueinführung von großer Bedeutung. Eine Ansprache einer undefinierten Zielgruppe ist weit uneffizienter als eine zielgruppenorientierte. Aus diesem Grund bedarf es einiger Überlegungen, welche Zielgruppen mit dem neuen Mazda-Modell angesprochen werden sollen.

→ Dazu eignet sich beispielsweise die Eingrenzung der Zielgruppen von Mazda.

Mit einem neuen Mazda-Modell sprechen Sie automatisch bestehende und mögliche Kunden an. Das heißt, dass wir interne (vorhandene Kunden) und externe (mögliche Neukunden) Zielgruppen erreichen. Je genauer das gesamte Potential an Kunden und möglichen Kunden segmentiert, d.h. in Zielgruppen eingeteilt wird, desto gezielter kann die Kundenansprache gestaltet werden.

So werden beispielsweise mit einem kleinen Mazda-Modell, wie den Mazda2, zu einem großen Teil junge Personen, Personen mit einem geringeren Einkommen oder Personen mit Interesse an einem kleineren Zweitwagen angesprochen. Dies gilt für interne als auch für externe Interessenten. Hat man die Zielgruppe einmal eingegrenzt, kann man alle weiteren Schritte darauf abstimmen. Verwenden Sie Kommunikationskanäle, die der Zielgruppe entsprechen. Das Gleiche machen Sie auch mit Ihren bestehenden Kunden. Sprechen Sie nur diese Kunden an, die auch zum neuen Mazda-Modell passen könnten. Zum Beispiel: Der 70-jährige mit einem Premacy wird sich wohl kaum einen sportlichen Wagen zulegen. Ein MX-5-Kunde hingegen könnte von den Vorzügen eines RX-8 überzeugt werden.

Programm entwickeln

Um eine Modell-Neueinführung erfolgreich zu machen, bedarf es eines Programms, das alle Aktivitäten zur Förderung des neuen Mazda-Modells und Ihres Autohauses beinhaltet. Legen Sie in Ihrem Modell-Einführungsprogramm fest, welche Aktivitäten Sie durchführen werden. Beispielsweiser Auszug aus einem Rahmenprogramm:

- Aussendung eines Direktmails zwei Monate vor Einführung
- Versand von Presseartikeln
- Organisation von Veranstaltung
- Zwei Veranstaltungen, eine VIP-Veranstaltung und eine Veranstaltung für Interessenten
- Schaltung von Werbung in Zeitungen, Magazinen, HF und TV sowie im Internet
- Kooperationen mit Unternehmen des öffentlichen Interesses
- Nachbearbeitung von neu gewonnenen Interessenten sowie bestehenden Kunden
- usw.

Ihr gesamtes Programm muss mit der gesamten vorgeschriebenen Kommunikationslinie des jeweiligen Modells übereinstimmen. Jedenfalls soll eine richtige Mischung an Information und Vergnügen zur Schaffung einer angenehmen Atmosphäre erzielt werden.

Terminplan erstellen

Termintreue ist im Falle eines Gesamtprogramms von hoher Wichtigkeit. Nur durch Einhalten von Terminen gewährleisten Sie einen reibungslosen Ablauf und stellen sicher, dass auch alle Punkte zum festgelegten Zeitpunkt realisiert werden.

Fassen Sie alle Maßnahmen und Aktivitäten der Modell-Neueinführung in einem detaillierten Terminplan zusammen. Entsprechende Zuständigkeiten sollten ebenso berücksichtigt werden.

→ Verwenden Sie für Ihre Planung die detaillierten Checklisten aus Kapitel 3.

Endkontrolle und damit die Einhaltung des Terminplans sollte Aufgabe der Projekt-Verantwortlichen sein.

Vergewissern Sie sich, dass Sie rechtzeitig mit der Planung Ihrer Aktivitäten beginnen. Dies sollten Sie bereits in Ihrer Jahres-Marketingplanung berücksichtigen.

→ Vorsicht, Modell-Neueinführungsaktivitäten können sich überschneiden!

Werden alle zu setzenden Aktivitäten rechtzeitig geplant, so kann es dann auch zu keinen ungewollten Überschneidungen kommen. Modell-Neueinführung, Facelift, Sondermodell, gut geplant ist fast schon gewonnen. Sehen Sie dazu auch die Zeitplanung in Kapitel 3.

Kapazitäten bereitstellen

Die professionelle Markteinführung eines neuen Mazda-Modells erfordert einen hohen Aufwand bei der Planung bzw. Umsetzung. Berücksichtigen Sie dies bitte bei der Terminplanung, und schaffen Sie die benötigten Freiräume für entsprechende Mitarbeiter. Stellen Sie klar, dass Ihre Mitarbeiter auch teilweise über die üblichen Arbeitszeiten benötigt werden. Je stärker das „Wir-Gefühl" vorhanden ist, desto höher wird die Bereitschaft sein.

Gegebenenfalls greifen Sie auf externes Personal zurück, das Ihnen beispielsweise von Personalleasingfirmen zur Verfügung gestellt werden kann. Für diverse Veranstaltungen können Sie z. B. auch auf Schüler, Studenten oder andere Aushilfskräfte zurückgreifen. Achten Sie jedoch darauf, dass alle externen Personen von Ihnen gut eingeschult werden und mit den betrieblichen Besonderheiten und Umgangsformen vertraut sind.

12.3.2 Phase des Vorverkaufs

Bereits vor der Phase des Vorverkaufs erhalten Händler üblicherweise Informationen rund um das neue Mazda-Modell. Bis zum Start des Vorverkaufs muss jeder einzelne Händler über das neue Produkt Informationen haben, die er an mögliche Interessenten weitergeben kann. Diese Phase beschreibt somit den ersten Kontakt vom Händler zum Kunden. Daraus ergibt sich für den Händler die Situation, dass er sich rechtzeitig mit dem neuen Produkt beschäftigen muss und mögliche Interessenten über das neue Mazda-Modell informiert.

Für das Manual wird deshalb ein Text vorgeschlagen, der den Händler auf die angesprochenen Punkte sensibilisieren soll und vorschlägt, wie dieser erste Kontakt aussehen kann. Nachstehend der Textvorschlag für das Manual.

Schon viele Monate vor einer eigentlichen Modell-Neueinführung beginnen die Marketingaktivitäten, um einerseits Interesse zu wecken und andererseits Kaufabschlüsse zu tätigen. Diese künstliche Erweiterung des Produktlebenszyklus nach vorne wird auch als Prämarketing bezeichnet.

Dies ist die Phase, in der Vorinformationen an alle Mazda-Händler ergehen, erste Presseberichte erscheinen und erste Marketingaktivitäten gesetzt werden. Dementsprechend setzt die Nachfrage nach dem neuen Modell ein.

→ Werden Sie aktiv, und nutzen Sie die von Mazda zur Verfügung gestellten Unterlagen.

Nachstehende Übersicht vermittelt Ihnen einen Auszug aus den Aktivitäten vor der Modell-Neueinführung des Mazda2.

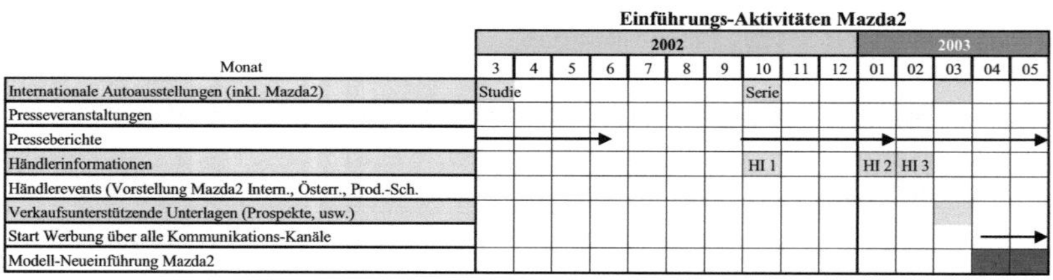

Abbildung 8: Einführungsaktivitäten Mazda2

Quelle: eigene Darstellung

Überprüfen Sie diesbezüglich auch Ihren Kundenstamm nach so genannten Schnellstartern. Das sind jene Personen oder Firmen, die in der Vergangenheit zu den ersten Käufern von neuen Mazda-Modellen gehörten.

Sprechen Sie diese Gruppe gezielt an, und unterbreiten Sie entsprechende Angebote. Selbstverständlich gilt dies auch für neue Interessenten, die Sie in Ihrer Datenbank abgespeichert haben.

→ Autohaus-Kunden, deren Neuwagenkauf länger als drei Jahre zurückliegt, eignen sich generell für eine gezielte Ansprache. Beachten Sie dabei die bereits angesprochene Segmentierung der Zielgruppen.

Bereiten Sie sich auf den Vorverkauf gut vor, nutzen Sie dafür auch die Checkliste für den Vorverkauf. Starten Sie mit dem Vorverkauf jedoch erst richtig nach der offiziellen Freigabe durch Mazda.

Achten Sie darauf, dass bereits in der Phase des Vorverkaufs alle Mitarbeiter über den Lauf der Dinge gut informiert werden. Nur wenn Sie und Ihre Mitarbeiter umfassend Kenntnisse zum neuen Mazda-Modell, zum Markt und zur Gesamtkommunikation haben, ist eine professionelle Beratung möglich.

→ Nutzen Sie alle von Mazda angebotenen Schulungen, veranstalten Sie interne Mitarbeiter-Informationsabende, und geben Sie Mazda-Informationen rund um das neue Produkt an Ihre Mitarbeiter weiter.

Direktmarketing

Die individuelle Ansprache eines Kunden mittels eines Mailings ist in der Phase des Vorverkaufs von großer Bedeutung. Der Kunde von heute will individuell angesprochen werden. Mit dem Aussenden eines Mailings erreichen Sie bestehende als auch neue Kunden. Es geht um die Pflege und den Aufbau von Kundenkontakten. Nutzen Sie dieses Medium, um Ihre Kunden, potentielle Interessenten und Nichtkunden von den Vorzügen der neuen Mazda-Modelle zu informieren.

→ Verwenden Sie bevorzugt die von Mazda vorgefertigten Mailings.

Um auch mögliche Neukunden zu erreichen, ist es notwendig, auf zugekaufte Adressen zurückzugreifen. Nutzen Sie die von Mazda angebotenen zielgruppengerechten Adressen und bestellen Sie diese.

Überprüfen Sie die Adressen, sodass es zu keinen Überschneidungen mit den Mazda-Austria-Adressen kommt.

Beachten Sie, dass ein Kunde nicht zu oft pro Jahr angeschrieben wird.

Nach dem Aussenden der Mailings beginnt der eigentliche Teil der Arbeit. Circa eine Woche, nachdem die Mailings bei Ihren Kunden eingelangt sind, beginnen Sie mit dem telefonischen Nachfassen.

Beim Nachfassen müssen Sie folgende Punkte klären:

- Hat der Empfänger das Mailing erhalten, wenn nicht, dann nochmals zusenden.
- Klären, ob Interesse an einer Probefahrt besteht. Dazu sollten Sie einen Termin vereinbaren und vorab schon Unterlagen zusenden.
- Wenn kein Interesse besteht, klären, ob der Empfänger zu einem späteren Zeitpunkt nochmals kontaktiert werden möchte.

Da das Nachfassen von einem Mailing sehr zeitintensiv ist, können Sie dies auch von einem Call-Center erledigen lassen. Beachten Sie auch, dass die Erreichbarkeit von privaten Personen morgens, abends oder an Samstagen am besten ist.

12.3.3 Phase der Einführung

Die Phase der Einführung stellt den Höhepunkt einer Modell-Neueinführung dar. Sie ist mit einigen Aktivitäten gekennzeichnet, die im Folgenden näher beschrieben werden. Für das Manual werden folgende vier Hauptpunkte vorgeschlagen, die behandelt werden sollten.

- Der optische Eindruck: da der erste optische Gesamteindruck eines Händlerbetriebes, speziell beim Erstkontakt mit einem Interessenten, eine sehr wichtige Rolle spielt. Nur ein perfekter optischer Eindruck kann auch eine Markenpersönlichkeit ausstrahlen und eine einheitliche Linie vermitteln.
- Die Einführungsveranstaltung: da sie das Herzstück einer Modell-Neueinführung darstellt und man damit sehr gezielt ein großes Publikum mit einem Event-Charakter ansprechen kann.
- Messen und Ausstellungen: da sie nach wie vor ein großes Publikum anziehen und man die Möglichkeit hat, Interessenten zu gewinnen und zu informieren.
- Alternative Orte der Präsentation: da es diesbezüglich viel zu wenig Aktivitäten seitens der Händler gibt und dies eine alternative Art der Fahrzeugpräsentation darstellt.

Der optische Eindruck

Spätestens in der Phase der Einführung müssen alle Mitarbeiter des Autohauses über alle Informationen des neuen Mazda-Modells Bescheid wissen. Ebenso wichtig ist das Wissen um die interne Vorgehensweise bei der Modell-Neueinführung.

→ Mitarbeiter mit einbeziehen und stetig informieren

Stellen Sie sicher, dass die Gesamtoptik des Betriebes in einem 1A-Zustand ist. Sauberkeit und Ordnung spielen eine große Rolle für den optischen Gesamteindruck eines Betriebes. Sind alle neuen Fahnen aufgehängt, stimmen die Hinweistafeln, sind Grünflächen und Zufahrten in einem guten optischen Zustand, um nur einige der Aktivitäten zu nennen. Ihr Autohaus muss zu einem „Ort, der einem gut tut“ verwandelt werden.

→ Das Autohaus muss einen perfekten optischen Gesamteindruck vermitteln.

Zu einer perfekten Optik gehört auch die Dekoration des Schauraums. Versichern Sie sich, dass alte Schaufensterkleber durch neue ersetzt und alle neuen Autos richtig in Position gebracht wurden sowie die Beleuchtung passt. Checken Sie vor allem auch, ob Sie alle verkaufsunterstützenden Unterlagen wie Prospekte, Give-Aways oder POS-Material erhalten haben. Checken Sie aber vor allem, ob alles auf seinem richtigen Platz ist. Beschriften Sie alle Test- und Vorführwagen mit den vorgegebenen Autobeschriftungen.

→ POS-Material, Give-Away und andere verkaufsunterstützende Materialien verwenden

Neben dem optischen Gesamteindruck sollten Sie in der Phase der Einführung bereits Werbung über die verschiedensten Kanäle betreiben. Regionale Werbung, HF, Direkt-Mailings, Extra oder die Kommunikation über Ihre Homepage, um nur einige der Werbeaktivitäten zu erwähnen.

→ Nutzen Sie die COOP-Anzeigen und andere Werbemittel von Mazda.

Der Höhepunkt einer Modell-Neueinführung ist zweifelsohne die Einführungsveranstaltung, die im nächsten Punkt näher beschrieben wird.

Einführungsveranstaltung

Die Einführungsveranstaltung ist zweifelsohne das Herz einer Modell-Neueinführung. Erstmals wird das neue Modell der Öffentlichkeit in einem großen Rahmen vorgestellt. Dementsprechend wichtig ist es, ein funktionierendes Konzept zu erarbeiten und alle Abläufe genauestens zu planen. Für das Manual werden folgende Punkte vorgeschlagen, die eine nähere Beschreibung einer Einführungsveranstaltung beinhalten sollten:

- Rahmenbedingungen
- Kinderprogramm
- Gesamteindruck
- Gäste
- Enthüllung des neuen Mazda-Modells
- Fotos der Veranstaltung
- Kontakte
- Kooperationen
- Presse
- VIP-Veranstaltung
- andere Veranstaltungen

Für den Bereich der Einführungsveranstaltung wird für das Manual folgender Text vorgeschlagen:

Eventmarketing ist Erlebnismarketing, und mit Erlebnissen hinterlässt man einen bleibenden Eindruck bei Kunden und potenziellen Interessenten. Die Einführungsveranstaltung bildet zweifelsohne den Höhepunkt aller Einführungsaktivitäten. Hier können Sie sehen, ob Ihre bisherigen Aktivitäten erfolgreich waren. Anhand der Besucherzahl können Sie leicht feststellen, ob Sie die nötige Begehrlichkeit bei Stammkunden und neuen Interessenten geweckt haben. Ist dies geschafft, gilt es jetzt, den Besuch zu einem Erlebnis werden zu lassen. Ist dies auch der Fall, haben Sie den Grundstein für einen erfolgreichen Modellzyklus gelegt.

→ Bei der Einführungsveranstaltung müssen die Augen der Besucher funkeln.

Betrachten wir jedoch zuerst einmal die Punkte, auf die man bei einer Einführungsveranstaltung achten sollte.

Als Erstes sollten Sie sich im Klaren sein, welches Ziel Sie mit Ihrer Veranstaltung verfolgen. Dies wurde bereits bei der Zielfestlegung definiert. Prüfen Sie im Vorfeld auch, ob Sie neben der öffentlichen auch eine nichtöffentliche Premierenfeier durchführen wollen. Sie könnten dies im Rahmen einer VIP-Veranstaltung machen, bei der nur geladene Gäste in „geschlossener Gesellschaft" das neue Mazda-Modell präsentiert bekommen. Sie wecken dadurch zusätzliche Begehrlichkeit. Idealerweise findet eine VIP-Veranstaltung einen Tag vor der öffentlichen Einführungsveranstaltung statt.

→ Behandeln Sie Gäste einer VIP-Veranstaltung wie VIPs, sie haben es so verdient.

Halten Sie sich immer vor Augen, dass der Kunde König ist und auch als solcher behandelt werden möchte. Dies gilt auch oder besonders für Modell-Neueinführungen. Zuvorkommendheit, Freundlichkeit, Höflichkeit und Zurückhaltung sind also genauso selbstverständlich wie keine abgetragene Kleidung, keine Gruppenbildungen, keine missmutigen Gestalten, kein gelangweilter Gesichtsausdruck. Wenn die Gäste Ihr Autohaus verlassen, müssen sie das Gefühl haben, eine erstklassige Veranstaltung, ein erstklassiges Autohaus, kompetente Gesprächspartner und eine außergewöhnliche Automobilmarke erlebt zu haben.

Bedenken Sie auch immer, dass alle Proben und Aufbauten bereits vor dem Einlass der ersten Gäste abgeschlossen sein müssen. Ansonsten könnte der Eindruck einer Unprofessionalität entstehen. Buchen Sie für die Einführungsveranstaltung gegebenenfalls einen externen Moderator, der sie moderiert, Ihnen gezielte Fragen stellt und das Publikum bei Laune hält.

Stellen Sie das zu präsentierende Modell immer in den Vordergrund. Heben Sie es auf einen Podest, begrenzen Sie es mit einer Kordel oder einer Kette, oder präsentieren Sie es auf einen roten Teppich. Sie steigern dadurch die Begehrlichkeit des neuen Mazda-Modells.

→ Events können auch zwischen einzelnen Modell-Neueinführungen veranstaltet werden. Events mit Schwerpunkten, z. B. ein Sondermodell oder ein Facelift, schaffen Frequenz und hinterlassen einen bleibenden Eindruck beim Besucher.

Achten Sie immer darauf, dass Sie Ihre lokalen Behörden von der Einführungsveranstaltung informiert haben, und laden Sie dazu ein. Holen Sie sich eventuell notwendige Genehmigungen, z. B. eine Ausschankerlaubnis, ein. Angerschieren Sie gegebenenfalls einen Gastronomen für die Durchführung.

<u>Rahmenbedingungen der Veranstaltung</u>

Sofern von Mazda kein Schwerpunkt für einen Veranstaltungsabend vorgegeben wird, versuchen Sie selbst einen zu kreieren. Finden Sie einen zum neuen Mazda-Modell passenden Schwerpunkt, der leicht verständlich und umsetzbar ist. Diese Schwerpunkte können sowohl saisonaler als auch technischer, wirtschaftlicher oder künstlerischer Herkunft sein. Dazu einige Beispiele, die Sie für Ihre nächste Einführungsveranstaltung verwenden könnten:

- Die Geschichte der japanischen Autoindustrie bis hin zum neuen Mazda RX-8
- Fachvorträge von Motorjournalisten oder Buchautoren zum jeweiligen Thema
- Kulturabend mit einem Orchester oder einer Theatergruppe oder ein Kunstabend mit einem aktuellen Künstler, der seine neuesten Werke ausstellt, anschließend könnten Sie mit Ihren Besuchern ein Gemeinschaftskunstwerk schaffen und es für einen guten Zweck versteigern. Unter dem Motto „Mache Gutes und rede darüber" könnten Sie dies auch zum Thema einer Presseaussendung machen.

Kinderprogramm

Bei jeder Veranstaltung sind auch Kinder dabei. Sorgen Sie dafür, dass auch sie Spaß an der Veranstaltung haben. Engagieren Sie bevorzugt eine Moderatorin (idealerweise eine Kindergartentante), die sich um das Wohl der Kinder sorgt. Gestalten Sie ein Kinderprogramm, dass auch die Augen der Kinder funkeln. Dazu einige Vorschläge:

- Zeigen Sie Kinder - und Zeichentrickfilme in einer eigenen Videoecke
- Lassen Sie „Helmi" auftreten und ihn über richtiges Verhalten im Straßenverkehr vortragen
- Organisieren Sie einen Märchenleser, der den Kindern in einer Märchenecke Geschichten vorliest
- Machen Sie einen Kinderflohmarkt oder eine Tauschbörse für Comics oder Spiele
- Veranstalten Sie einen Malwettbewerb inklusive Prämierung für die besten Bilder
- Gestalten Sie ein Freiluftprogramm mit Sicherheitsparcours mit Fahrrad oder Rollerskates
- Stellen Sie Imbisse und Getränke für die Kinder bereit
- usw.

Beachten Sie, dass der Hinweis, dass Sie auch ein Kinderprogramm anbieten, auch publik gemacht wird. Geben Sie diese Information auch an Ihre lokale Presse weiter.

Der Eindruck

Wie auch immer Sie Ihre Einführungsveranstaltung durchführen, achten Sie darauf, dass alle Aktivitäten aufeinander abgestimmt sind. Sorgen Sie für die passende stilvolle musikalische Untermalung, und nutzen Sie Kooperationen mit ortsansässigen Partnern. Denn auf den Gesamteindruck einer Veranstaltung kommt es an. Vermeiden Sie deshalb Pannen, und wirken Sie professionell, schließlich repräsentiert Ihr Autohaus eine professionelle Marke.

Gäste

Nachdem Sie Ihre Zielgruppe definiert haben und an alle Gäste eine schriftliche Einladung ergangen ist, informieren Sie auch noch Ihre Bank, Ihre Zeitung, Ihr Lieblingsrestaurant usw. über die Einführungsveranstaltung. Laden Sie dazu auch Mitarbeiter, Bekannte und Verwandte ein, und unterbreiten Sie ein Freundschaftsangebot. Vergessen Sie nicht darauf, zwei bis drei Tage vor der Veranstaltung nochmals alle Gäste anzurufen, um sie nochmals an die Einführungsveranstaltung zu erinnern.

Enthüllung des neuen Mazda-Modells

Verdecken Sie das neue Mazda-Modell mit einem Tuch, und dramatisieren Sie den Höhepunkt der Veranstaltung – die Enthüllung. Zuvor wurde das neue Mazda-Modell auf einen Podest oder einen roten Teppich gehoben. Lassen Sie gegebenenfalls dies durch einen externen Moderator moderieren. Starten Sie mit passender dramaturgischer Musik, zelebrieren Sie den Höhepunkt. Nach der Enthüllung können Sie beispielsweise ein Produktvideo zeigen oder einen kurzen Vortrag über das neue Mazda-Modell bringen.

Fotos der Veranstaltung

Organisieren Sie einen Fotografen, oder machen Sie selbst Fotos von der Veranstaltung und stellen diese anschließend auf Ihre Firmen-Homepage. Nutzen Sie dies im Rahmen einer Veranstaltungsnachlese, schreiben Sie Ihre Kunden per E-Mail oder Brief an, und informieren Sie über die Bilder

der Veranstaltung. Gegebenenfalls können Sie auch eine Foto-CD anfertigen und vervielfältigen und diese an die Besucher versenden. Die Königsklasse ist jedoch das Erstellen und Brennen einer Foto-CD vor Ort. Somit kann der Besucher beim Verlassen der Veranstaltung sofort eine Foto-CD mit nach Hause nehmen.

Kontakte der Veranstaltung

Nutzen Sie jeden nur erdenklichen Kontakt bei einer Einführungsveranstaltung, konzentrieren Sie sich aber auf die wirklich potenziellen Kunden. Wenn ein Besucher der Veranstaltung Ihr Autohaus verlassen hat, haben Sie idealerweise

- Namen und Adressen erfasst
- derzeitigen Wagen erfasst, bestenfalls auch schon bewertet
- einen Termin für eine Probefahrt fixiert
- jeden Besucher mit Informationsmaterial und Visitenkarten ausgestattet
- ein Angebot abgegeben und bestenfalls schon einen Kaufvertrag abgeschlossen

Kooperationen

Bieten Sie Unternehmen aus Ihrem lokalen Umfeld die Möglichkeit, sich an der Einführungsveranstaltung zu beteiligen und zu präsentieren. Achten Sie jedoch darauf, dass der überwiegende Teil der Aufmerksamkeit Ihnen und Ihren Produkten geschenkt wird. Ziehen Sie Kooperationen in Betracht, bei denen Sie mit Firmen zusammenarbeiten, die einen hohen Bekanntheits- und Beliebtheitsgrad haben bzw. artverwandte Produkte vertreiben.

Durch eine Kooperation steigern Sie nicht nur die Attraktivität Ihrer Veranstaltung, Sie werden sicher auch einmal die gleiche Möglichkeit bei einer Veranstaltung Ihres Kooperationspartners erhalten.

Die Presse

Informieren Sie bereits weit vor der eigentlichen Einführungsveranstaltung die lokale Presse über das neue Mazda-Modell und die Aktivitäten Ihres Hauses. Ein redaktioneller Vorbericht muss idealerweise mindestens geschalten werden.

→ Nutzen Sie dafür die Pressetexte von Mazda.

Laden Sie die örtliche Presse (Redakteur und Anzeigenvertreter) auch zu Ihrer Einführungsveranstaltung ein, gegebenenfalls auch zur nichtöffentlichen Vorpremiere. Ein Bericht von der Einführungsveranstaltung ist meist der Dank dafür.

Tragen Sie auch nach der Einführungsveranstaltung Sorge dafür, dass Ihre Presse auf dem Laufenden gehalten wird und, wenn möglich, auch einmal ein Fahrzeug für einen längeren Zeitraum testen kann, ein Fahrbericht in einer lokalen Zeitung macht sich sicher gut.

VIP-Veranstaltung

Wie bereits erwähnt, bietet sich neben einer herkömmlichen Einführungsveranstaltung auch die Organisation einer VIP-Veranstaltung an. Die VIP-Veranstaltung kann sowohl im Autohaus selbst als auch an einem anderen Ort stattfinden. Eingeladen dazu werden Presseleute, Meinungsbildner, Persönlichkeiten aus Wirtschaft, Politik, Sport und Kultur und vor allem die besonders treuen Kunden.

Eine schriftliche Einladung zur VIP-Veranstaltung sollte ca. 14 Tage vorher an die geladenen Gäste ergehen. Dazu eignet sich ein persönlicher Brief mit Antwortkarte.

Sorgen Sie bei einer VIP-Veranstaltung für das notwendige Ambiente, das aliquote Rahmenprogramm und für eine ausführliche Produktpräsentation. Inszenieren Sie das neue Mazda-Modell und die Marke Mazda. Seien Sie kreativ, beauftragen Sie gegebenenfalls eine externe Eventagentur damit.

Andere Einführungsveranstaltungen

Generell sei Ihren kreativen Vorschlägen für Veranstaltungen keine Grenzen gesetzt, sofern Sie das neue Mazda-Modell entsprechend der Gesamtkommunikationslinie präsentieren. Ebenso sollen auch dem kreativen Kooperationsgeist für die Einführungsveranstaltungen keine Hürden in den Weg gelegt werden. Eines sei jedoch in diesem Zusammenhang zu erwähnen, Zeiten, in denen Freibier, ein Hubschrauberrundflug oder ein Backhendlwettessen im Vordergrund standen, müssen endgültig vorbei sein.

→ Veranstalten Sie eine Autoausstellung, kein Bierfest!

So müssen künftig die Qualitäten und Besonderheiten eines jeden einzelnen Mazda-Modells in den Vordergrund gerückt werden. Beispielsweise können die Vorzüge eines neuen Sportwagens sehr gut mit begleitenden Filmen von Extremsportarten oder Motorrennen gezeigt werden. Erfahrungen eines bekannten Motorsportlers mit dem neuen Mazda-Modell könnten die Wertigkeit steigern lassen und ein Mehr an Interesse mit sich bringen.

Messen und Ausstellungen

Messen und Ausstellungen eignen sich ebenfalls sehr gut für eine Präsentation eines neuen Mazda-Modells. Zur Modell-Neueinführung stattfindende Messen oder Ausstellungen sollten genutzt werden, um das neue Mazda-Modell und die Marke zu präsentieren.

Ähnlich wie bei der Einführungsveranstaltung gilt es auch hier, Aufmerksamkeit zu erlangen und möglichst viele Adressen und Probefahrtstermine zu generieren. Schwerer erscheint es, das Publikum am Ausstellungsort zu halten. Versuchen Sie mit allen Mitteln, Ihren Stand attraktiver zu gestalten als die Mitbewerber.

→ Nutzen Sie die Kraft von Großbildschirmen, und präsentieren Sie die Image-Videos von Mazda.

Ein besonders hohes Maß an Zuwendung und Anpassungsfähigkeit ist den Besuchern zu schenken, die oftmals keine Mazda-Kunden sind.

Alternative Orte der Präsentation

Nutzen Sie die Anziehungskraft einiger Orte. Stellen Sie an solchen Orten das neue Mazda-Modell vor, oder stellen Sie es aus.

Es gibt Plätze, an denen sich Personen besonders wohl fühlen und sich emotional aufladen. Solche Orte, die den Leuten einen echten Mehrwert bieten, werden auch als „Third Places“ oder „Dritte Orte“ bezeichnet.

→ Warten Sie also nicht, bis ein Kunde Ihr Autohaus betritt, bringen Sie das neue Mazda-Modell an Orte, an denen sich Leute gerne aufhalten.

Hierzu eignen sich hervorragend große Einkaufszentren, die auch einen hohen Erlebniswert haben und dem Kunden ein hohes Maß an Entertainment bieten. Flughäfen, Bahnhöfe oder ein gut besuchtes und beliebtes Fastfood-Restaurant könnten ebenfalls für eine derartige Präsentation herangezogen werden.

Eine ganz andere Art der Präsentation eines neuen Mazda-Modells könnte z. B. die Bereitstellung eines Vorführwagens für ein exklusives Hotel, Wellness- oder Seminarhotel sein. Stellen Sie einen Vorführwagen für einen vereinbarten Zeitraum kostenlos dem Hotel zur Verfügung. Das Auto soll ausschließlich für Probefahrten von Hotelgästen zur Verfügung stehen. Jeder gestresste Geschäftsmann würde sich freuen, seinen Aufenthalt im Hotel mit einer Probefahrt z. B. im neuen RX-8 zu verbinden. Probieren Sie es aus!

Andere alternative Orte wären beispielsweise auch Golfclubs oder ein elitärer Sportverein, bei dem Sie das neue Mazda-Modell vor einem ausgewählten Publikum präsentieren könnten. Dies könnte auch bei einer großen Sportveranstaltung mit großem Publikumsinteresse geschehen. Achten Sie jedoch darauf, dass das neue Mazda-Modell zur Zielgruppe passt.

Um den Anreiz kurz vor einer Modell-Neueinführung noch zu erhöhen, könnten Sie auch das neue Mazda-Modell verhüllt auf einem Tieflader durch die Ortschaft fahren oder es auf einem stark frequentierten Platz abstellen. Dadurch könnte man eine Art „Teaser-Kampagne" machen und das Interesse noch stärker auf das neue Mazda-Modell lenken.

12.3.4 Phase der Nachbearbeitung

Einen neuen Kunden zu gewinnen ist zehnmal teurer, als einen guten Kunden zu behalten (Alfred P. Sloane, legendärer CEO von General Motors).

Die Phase der Nachbearbeitung zeigt, ob sich alle Bemühungen davor ausgezahlt haben. Sie reicht von der genauen Erfassung der Kundendaten bis zur Fahrzeugauslieferung.

Kundendaten

Was bei der Einführungsveranstaltung gesät wird, muss direkt danach geerntet werden. Die während der Veranstaltung gewonnenen Kontakte bilden die Basis, um eine aktive Verkaufspolitik zu betreiben. Jedoch nicht nur die neu gewonnenen Adressen, auch die bereits bestehenden Kunden, die Interesse am neuen Mazda-Modell zeigten, stellen ein wichtiges Potential dar.

→ Die Stammgäste sind nicht nur das Geschäft von heute, sie sind auch der Schlüssel zum Erfolg von morgen.

Direkt nach der Einführungsveranstaltung sind Produktfaszination und Kaufbereitschaft am größten. Auf Grund dessen sprechen Sie bei der Premiere jeden nur möglichen Interessenten an, und fassen Sie umgehend mit Probefahrt und persönlichem Angebot nach. Um eine kontinuierliche und umfassende Nachbearbeitung zu garantieren, stellen Sie sicher, dass Ihre Interessenten in einer Datenbank erfasst wurden. Arbeiten Sie aktiv mit der Datenbank, vermerken Sie auch Vorlieben, Interessen und andere private Dinge Ihrer Interessenten.

Bewertung der Modell-Neueinführung

Zu guter Letzt berufen Sie eine Teambesprechung ein und bewerten die Stimmung bei der Modell-Neueinführung. Stellen Sie fest, ob Sie mit Ihrem Team alle gemeinsam definierten Ziele erreicht haben. Bewerten Sie das Echo auf die einzelnen Aktivitäten, und stellen Sie es in Relation mit dem finanziellen und personellen Aufwand. Prüfen Sie auch, was besonders gut funktioniert hat und was noch verbesserungswürdig wäre. Nutzen Sie diese Informationen für weitere Modell-Neueinführungen.

→ Aus Fehlern lernt man, sie werden einem verziehen, wenn man es das nächste Mal besser macht.

Belohnen Sie Ihr Team für eine erfolgreiche Einführung. Feiern Sie den Erfolg gemeinsam, und heben Sie einzelne Leistungen hervor und belohnen diese!

Die Erlebnisauslieferung

Den emotionalen Höhepunkt und gleichzeitigen Abschluss einer Modell-Neueinführung bilden die Fahrzeugauslieferungen der neuen Mazda-Modelle. Dies ist der ideale Zeitpunkt, dem Kunden nochmals mit aller Kraft zu vermitteln, wie sehr er Ihnen am Herzen liegt.

→ Machen Sie die Fahrzeugauslieferung zu einem „Golden Moment", zu einem Freudentag des Kunden.

Mit einer perfekten Fahrzeugauslieferung schaffen Sie einen bleibenden Eindruck. Der neue Kunde kommt gerne wieder zu Ihnen und spricht mit anderen darüber. Denn auf den Start kommt es an, der erste Eindruck ist entscheidend, doch der letzte der bleibende.

An dieser Stelle sollte dem Leser eine Liste einer perfekten Fahrzeugauslieferung geboten werden. Dafür eignet sich eine Anlehnung an die Erlebnisauslieferung von Hannes Brachat, aus dem Kapitel 7.5, Abbildung 5.

12.4 Support für Modell-Neueinführung

Einfachheit ist das Resultat der Reife (Friedrich Schiller).

Das dritte Kapitel des Corporate Launch Manuals ist der lebendige Teil und soll nach Einführung immer wieder modellspezifisch mit neuen Materialien aktualisiert werden. Es soll Basis für alle zu treffenden Aktivitäten sein.

Ferner werden Hilfestellungen für eine Modell-Neueinführung erarbeitet, die dem Händler die notwendigen aufeinander folgenden Abläufe aufzeigen sollen.

12.4.1 Zeitplanung

Für eine aktive Zeitplanung ist es unerlässlich, dass alle zur Verfügung stehenden Daten mit einer notwendigen Transparenz behandelt werden. Dies bedeutet für das Manual, dass es unabdingbar ist, das Mazda alle Daten für Modell-Neueinführungen, Sondermodelle und Facelifts rechtzeitig an alle Händler weitergibt. Vorgeschlagen wird, dass jährliche Modell-Übersichtspläne an die Händler ergehen, die einen Kurzüberblick geben sollen. Eine vereinfachte Form einer Modell-Einführungsplanung sollte das Mindestmaß an Kommunikation in Bezug auf eine Modell-Neueinführungs-Planung zum Händler hin sein.

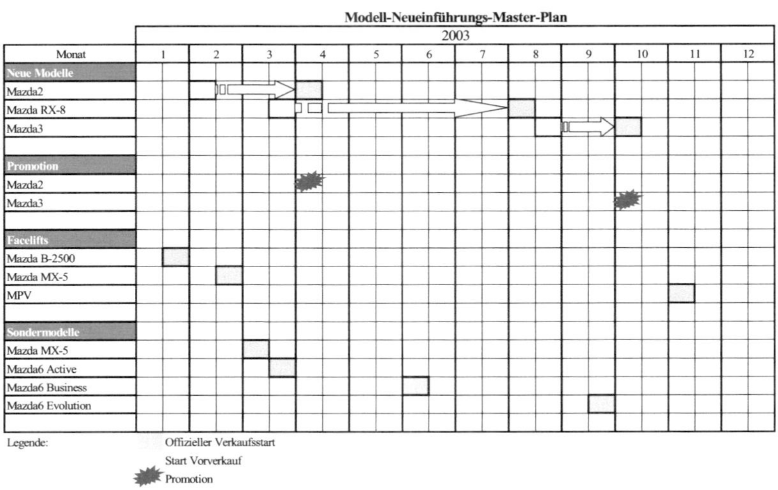

Abbildung 9: Modell-Neueinführungs-Master-Plan

Quelle: eigene Darstellung

Vorzugsweise sollte eine Aufstellung der wichtigsten Neuerscheinungen Anfang eines neuen Jahres versandt werden. Bis zum heutigen Tag war dies nicht der Regelfall. Bei Änderungen muss eine aktualisierte Version an alle ergehen, um den Händlern Änderungen in den eigenen Aktivitätenplanungen zu ermöglichen.

12.4.2 Checklisten

Basis für die Checklisten sollen die Aktivitäten aus dem vorhergehenden Kapitel sein. Das heißt, dass es für jedes Kapitel eigene Checklisten geben soll. Um den Händlern eine klare Übersicht zu geben, wann welche Aktivitäten idealerweise zu setzen wären, bedarf es einer grafischen Darstellung und einer Erläuterung. Hierfür wurde nachstehende Grafik entwickelt, die, farblich auf die einzelnen Phasen abgestimmt, einen Überblick geben soll, in welcher Phase der Modell-Neueinführung welche Checklisten verwendet werden sollen. Die Bezeichnung der Übersicht könnte beispielsweise „Countdown-Planung" benannt werden.

Die gesamte Phase einer idealtypischen Modell-Neueinführung für einen Händler erstreckt sich über einen Zeitraum von vier Monaten. Davon entfallen drei auf die Phase des Prämarketings und ein Monat auf die Phase der Nachbearbeitung.

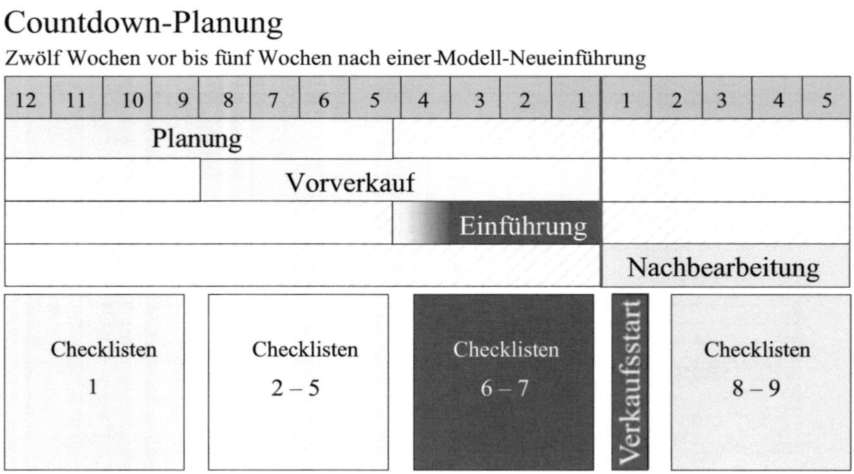

Abbildung 10: Countdown-Planung

Quelle: eigene Darstellung

Folgender Text sollte im Manual der Countdown-Planung beigefügt werden: Um Ihnen aus einer Reihe von Checklisten einen Überblick und einen perfekten Ablauf einer Modell-Neueinführung zu geben, gilt oben stehende Grafik. Sie zeigt die vier einzelnen Phasen und die in den einzelnen Phasen benötigten Checklisten. Die einzelnen Phasen sind farblich voneinander getrennt. Vorschlag: Beginnen Sie erst mit einer neuen Phase, wenn Sie die letzte abgeschlossen haben. Zum Beispiel wird eine Nachbearbeitung von noch nicht vorhandenen Adressen einer Einführungsveranstaltung keine Früchte tragen. Aus diesem Grund gehen Sie Schritt für Schritt vor. Handeln Sie die Phase der Planung ab, ehe Sie mit der Phase des Vorverkaufs beginnen.

Achten Sie darauf, dass es immer wieder zu Überschneidungen verschiedener Aktivitäten kommen wird. Nicht nur dies, es wird auch immer wieder zu Überschneidungen verschiedener Modell-Neueinführungen kommen. Beispiel: Im Herbst der RX-8 und der Mazda3 gelauncht, Überschneidungen sind damit verbunden und eine perfekte Planung notwendig.

Für das Manual werden folgende Checklisten vorgeschlagen:

- Generelle Planung
- Vorverkauf / Mailing / Rede / Optischer Gesamteindruck
- Einführung / Vorbereitung Veranstaltung / Einführungsveranstaltung
- Nachbearbeitung / Direct-Mailing

Alle Checklisten sollten den gleichen Aufbau haben. Es wird empfohlen, alle Checklisten durchzunummerieren, den Titel der jeweiligen Phase zu beschreiben, alle Aktivitäten nacheinander aufzulisten und kleine Kästchen zum Abhaken der erledigten Aktivitäten anzubringen. Alle nach der Countdown-Planung entworfenen Checklisten sind im Anhang beigefügt. Sie gelten als Vorschlag für das Manual und sollten in der beschriebenen Detailliertheit übernommen werden.

12.4.3 Arbeitsmaterialien

Das Kapitel Arbeitsmaterialien soll dem Anwender des Manuals Hilfestellungen in punkto Pressetexte, Einladungen und Reden für Veranstaltungen geben. Es sollen Vorschläge gebracht werden, die sofort umgesetzt werden können, ohne lange an eigenen Texten zu schreiben. Arbeitsmaterialien wie Pressetexte, Einladungskarten oder Reden sind meistens sehr modellspezifisch gestaltet. Wie sonst könnte man auch die Highlights eines neuen Produkts vermitteln. Aus diesem Grund erscheint es als sehr wichtig, dass dieser Teil des Manuals als der lebendige angesehen wird.

Es wird daher empfohlen, für jedes neu einzuführende Modell diesen Teil des Manuals individuell zu gestalten und dem Händler modellspezifische Unterlagen zur Verfügung zu stellen. So sollte die Erstausgabe des Manuals mit Arbeitsmaterialien für den Mazda RX-8 ausgestattet sein, die erste Erweiterung sollte kurz danach mit den Materialien für den Mazda3 folgen.

Vorbildlicherweise sollte der Teil Arbeitsmaterialien folgende Inhalte abdecken:

- Presseinformation – kurz und einfach aufbereitet, sodass sie in dieser Form sofort an die lokale Presse weitergegeben werden kann
- Mailing und Musterbrief – zum Versand an die selektierte Zielgruppe des jeweiligen neuen Mazda-Modells
- Redemanuskript – für die Rede bei der Einführungsveranstaltung
- Anmeldekarte – für Interessenten an der Einführungsveranstaltung

Die Arbeitsmaterialien sollten in Zusammenarbeit mit der hausinternen Presse- und Marketingabteilung entworfen werden. Es soll dabei jedoch beachtet werden, dass die Inhalte leicht verständlich und gut kommunizierbar sind.

Folgende Textur wird für dieses Kapitel im Manual vorgeschlagen:

Das Kapitel Arbeitsmaterialien soll Ihnen eine Hilfestellung für Presseinformationen, Kundenbriefe und die Einführungsrede geben. Im Folgenden stehen Ihnen eine Presseinformation, ein Mailing, ein Redemanuskript und eine Anmeldekarte zur Einführungsveranstaltung zur Verfügung.

Nutzen Sie vorliegende kommunikativen Arbeitsmaterialien, um Ihre Kunden und die Presse auf einem einheitlichen Informationsstand zu halten. Es wird daher empfohlen, die Texte nicht abzuändern, sondern nur durch händlerspezifische Ergänzungen zu erweitern.

Um Ihnen zu den jeweils neuen Modellen immer die aktuellen Unterlagen zur Verfügung zu stellen, werden Sie künftig automatisch mit den jeweils modellspezifischen Arbeitsunterlagen versorgt. Dadurch wollen wir Sie einerseits entlasten und andererseits eine durchgängige Kommunikation gewährleisten, die Ihrem Autohaus und der Marke Mazda zugute kommt.

12.4.4 Abschließende Tipps

Die abschließenden Tipps sollen dem Händler weitere Hilfestellungen und Anregungen für den Verkauf von neuen Mazda-Modellen geben. Die Tipps sollen das Thema des Verkaufs sowie die Atmosphäre im Autohaus und allgemeine Hinweise für eine Modell-Neueinführung beschreiben.

Eine Modellneueinführung ist zweifelsohne eine harte Herausforderung für jeden Beteiligten. Sie ist mit viel Planung, Organisation und Geschick zu gestalten. Wie gezeigt wurde, ist eine Reihe von Aktivitäten zu setzen, um Sie zu einem Erfolg zu führen.

Abschließend noch einige Tipps und Fragen, die Sie sich selbst stellen sollten, wie Sie künftig Ihre Verkaufsgespräche nicht nur bei Modell-Neueinführungen effizienter führen können.

<u>Kundenorientiertes Verhalten im Verkauf</u>

- Freue ich mich über den Besuch des Kunden? Der Kunde spürt, wenn er jemandem zur Last fällt.
- Will ich wirklich den Kaufabschluss haben?
- Wie lange muss ein Kunde in unserem Autohaus warten, bis er angesprochen wird?
- Werden Kundenbedürfnisse festgestellt (Bedarfsanalyse), und gehen Sie auf diese ein?
- Worin liegt der konkrete Nutzen für den Kunden? Machen Sie ihn transparent!
- Sind hohe Preisnachlässe Hauptthema des Verkaufsgespräches, oder konzentrieren Sie sich auf Produktvorteile?
- Vermitteln Sie dem Kunden einen Zusatznutzen! Streichen Sie Vorteile hervor!
- Welches Preisbewusstsein strahlen Sie aus, stehen Sie zu den Preisen?
- Werden immer Probefahrten angeboten, und finden Sie unter Beteiligung des Verkäufers statt?
- Wie werden Angebote dem Kunden ausgehändigt, sind Leasing-, Finanzierungs- und Versicherungsangebote fester Bestandteil eines jeden Verkaufsgesprächs?
- Kann das Verkaufsgespräch in einer ungestörten Atmosphäre abgehalten werden?

- Wie ist meine innere Einstellung, möchte ich den Auftrag haben?
- Identifizieren Sie sich mit dem Produkt und der Marke? Dann tragen Sie es auch nach außen, zeigen Sie Freude am Verkauf!

Das Verkaufsgespräch

Gesprächsaufhänger

Gehen Sie nicht zu sehr ins Detail, bevor Sie nicht wirklich erkannt haben, was Ihren Gesprächspartner wirklich interessiert. Vermeiden Sie Fremdwörter und andere Fachbegriffe, die einer näheren Erläuterung bedürfen. Sprechen Sie die Sprache Ihres Gegenübers, und überfordern Sie ihn nicht mit Argumenten, die meist nur Insider kennen.

Bedarfsermittlung

Zuerst fragen Sie nach Motiven des Interessenten (z. B. Prestige, Sicherheit etc.). Erkundigen Sie sich nach Motiven, nach Hintergründen des Gesprächspartners (beruflich und privat – Hobbys etc.) und dann erst nach Spezifikationen des Wunschfahrzeuges. Hören Sie genau zu, und gehen Sie danach auf die von ihm gelieferten Informationen gezielt ein. Denken Sie immer daran, Bedarf zu ermitteln, zuzuhören und im Anschluss die gewünschten Informationen zu liefern. Wir erzählen nur das, was den möglichen Käufer auch interessiert.

Beziehungsintensivierung

Nehmen Sie sich Zeit, um in die Beziehung zu Ihrem Kunden zu investieren. Interessieren Sie sich für seine Person, geben Sie ihm Raum zur Selbstdarstellung. Gehen Sie mit ihm wertschätzend um, und behandeln Sie ihn so, wie Sie gerne von anderen behandelt werden möchten. Wenn Sie dies beherzigen, steigen Ihre Chancen auf einen guten Kontakt und eine gute, von hoher Loyalität getragene Beziehung.

Individualität

Nutzen Sie die Informationen aus der Bedarfsanalyse als Grundlage für Ihre Präsentation. Legen Sie das Hauptaugenmerk auf die Dinge, die Ihrem Gesprächspartner wichtig sind. Verstehen Sie diese Vorgehensweise auch über den Kaufprozess hinaus, um den Kunden intensiv an Sie, an das Autohaus und an die Marke Mazda zu binden.

Argumentieren

Nutzen Sie die Argumente, die Sie von Schulungen, verkaufsunterstützenden Unterlagen und von Ihren Eigenrecherchen haben. Kommunizieren Sie aktiv und voller Überzeugung die Unterschiede der Mazda-Modelle zu seinen Mitbewerbern, und werfen Sie all Ihre Leistungen in die Waagschale, um den Gesprächspartner zu überzeugen. Erklären Sie ihm, warum er sich für Sie entscheiden soll. Zeigen Sie ihm die Produktmerkmale am Fahrzeug, und lassen Sie ihn die Unterschiede bei einer Probefahrt erfahren.

Rabattforderungen

Akzeptieren Sie nicht kampf- und argumentationslos die Mechanismen im Automobilhandel. Wenn Sie mit Ihrem Gesprächspartner besser umgehen als die Mitbewerber und wenn Sie ihm den Nutzen einer Zusammenarbeit mit Ihnen aufzeigen, so fallen die Forderungen Ihres Gegenübers erfahrungsgemäß viel moderater aus.

Weitere sinnvolle Tipps für das Verkaufsgespräch

- Lassen Sie niemals einen Kunden im Schauraum warten
- Beurteilen Sie Kunden nie nach deren Erscheinungsbild – man täuscht sich schnell
- Arroganz im Handel ist generell eine Todsünde
- Sie wirken unsicher, wenn Sie den Preis selbst für überhöht ansehen
- Der Preis ist die natürlichste Sache der Welt, sprechen Sie ihn ruhig aus

Eine angenehme Atmosphäre im Autohaus durch

- den leckeren Cappuccino an der Kaffeebar
- die gemütliche Sitzecke vor dem offenen Kaminfeuer
- den Spielbereich für Kinder im Blickwinkel der Beratungsbereiche
- die PC-Infostationen mit Internetzugang

- den Großbildfernseher mit Mazda-Brand- oder Produktvideos
- das große Aquarium mit tropischen Fischen

Allgemeine Tipps für Modell-Neueinführungen

- Fremdmarkenkunden in der Werkstatt bzw. GW-Kunden Probefahrten bzw. Vergleichsfahrten anbieten
- Infozonen mit kleinem Aufsteller inkl. Prospekte, Folder usw. bei Fahrschulen, ÖAMTC, Lieferanten, bekannten Firmen, Rechtsanwälten, Ärzten sowie See-Betrieben, Schwimmbädern etc. auflegen
- Präsentation in der Nähe eines Fremdmarkenhändlers bzw. bei Einkaufszentren, Großmärkten, Fußballplätzen, Sportparkplätzen, Golfclubs, Strandbädern, Freizeitmessen, Events, Universitäten usw.
- Begleitausstellung bei Events
- Shuttle-Service bei Veranstaltungen
- Kooperationen (z. B. Maturaball, Ausstellung eines Künstlers, Modeschauen)
- bekannten lokalen Persönlichkeiten das neue Mazda-Modell zur Verfügung stellen (Meinungsbildner / Imageträger)
- Mitarbeiter durch Testfahrten mit dem neuen Mazda-Modell motivieren
- bei Bekannten oder ehemaligen Kunden mit dem neuen Mazda-Modell vorfahren inkl. Kurzpräsentation
- Street Party bzw. Heimkehrerparty für ehemalige Mazda-Kunden veranstalten
- Urlaubs-Sommer-Check für Fremdmarken
- Mitarbeiter aktivieren / Vermittlerscheck
- aktiv Probefahrten anbieten (auch ganze Tages-Testfahrten), evtl. in Verbindung mit Gewinnspiel
- persönliche Ansprache von Werkstattkunden, Prospekte ins Fahrzeug legen, Hinweis auf Beratung, technische Hinweise
- Mazda-Club gründen
- DSC-Testtage, Fahrsicherheitstrainings oder Rennwochenende veranstalten

12.5 Die Schlussbemerkung

Die Schlussbemerkung soll den Abschluss des Manuals bilden. Sie soll zusammenfassend sein und dem Anwender nochmals die Wichtigkeit vor Augen halten. Für die Schlussbemerkung des Manuals wird folgender Text empfohlen:

Werter Leser! Die Inhalte des Leitfadens für Modell-Neueinführungen haben Ihnen einerseits einen Überblick gegeben, wie eine Modell-Neueinführung zu gestalten ist, und andererseits Checklisten und Arbeitsmaterialien zur Verfügung gestellt, die Ihnen eine Hilfe bei der Organisation sein sollten.

Es liegt nun an Ihnen, an Ihren Mitarbeitern und an Ihrem Autohaus, wie Sie künftig Modell-Neueinführungen durchführen. Nutzen Sie den Leitfaden aktiv, geben Sie ihn weiter an Mitarbeiter, und setzen Sie vor allem die Inhalte um.

Ihre Kunden werden es Ihnen danken, Ihre Mitarbeiter werden motivierter sein, und schließlich wird der betriebswirtschaftliche Erfolg Ihres Betriebes davon profitieren.

Werden Sie aktiv, und tragen Sie einen wesentlichen Beitrag zur Gewährleistung einer einheitlichen Kommunikation der Marke Mazda bei. Zoom-Zoom!

Nach der Schlussbemerkung sollte noch ein Punkt angebracht werden, der Auskunft über weiterführende Literatur geben sollte.

12.6 Das stetig wachsende Manual als Voraussetzung für weitere Erfolge

Das für Mazda konzipierte Modell-Neueinführungs-Manual soll für die nächsten fünf Jahre die Basisliteratur für alle anstehenden Modell-Neueinführungen darstellen. Unter der Berücksichtigung von neuen Modellen ist es jedoch erforderlich, das Manual als lebendig und erweiterbar anzusehen. Aus diesem Grund wird empfohlen, für jedes neue Mazda-Modell und für jede neue Veranstaltung, die von dem vorhandenen Leitfaden abweicht, eigene Blätter anzufertigen und diese an die einzelnen Händler weiterzugeben. Dies gilt nicht nur für den Bereich der Arbeitsmaterialien, sondern insbesondere auch für diverse Zeit- und Modell-Neueinführungs-Pläne.

Nur wenn das Manual lebendig und stets aktuell ist, kann gewährleistet sein, das Händler damit aktiv arbeiten und für den weiteren Erfolg der Marke Mazda garantieren.

13 Die Umsetzungs- und Implementierungsphase

Folgendes Kapitel betrachtet die vorgeschlagene Umsetzung und die Implementierung des Manuals in der Mazda-Organisation. Ferner werden auf das Design, die Produktion des Manuals und die Kommunikation mit den Beteiligten eingegangen.

13.1 Die Produktion und die Auswahl eines Partners

Da das Manual eine hohe Wertigkeit und eine perfekte grafische Gestaltung vorweisen sollte, wird für die Umsetzung und die Produktion empfohlen, sich einer Werbeagentur zu bedienen. Diese sollte mit einem klaren Briefing auf die Aufgabe vorbereitet werden. Zunächst gilt es jedoch, einen geeigneten Partner zu finden.

Für die Umsetzung kann jede Agentur in Betracht gezogen werden. Es wird jedoch empfohlen, sich für einen Partner zu entscheiden, der einerseits über die Marke Mazda und die kommunikativen Aufgaben gut Bescheid weiß und andererseits ein hohes Maß an Flexibilität aufweist. Ferner wird empfohlen, einen Partner vor Ort zu wählen, der die länderspezifischen Anforderungen und den Markt kennt. Letztlich wird die Auswahl des Partners auch durch den angebotenen Preis für die Umsetzung ausgewählt.

Ist die Auswahl eines geeigneten Partners getroffen, muss man mit der Agentur in Kontakt treten. Dies erfolgt mittels eines Briefings, indem die Anforderungen, Rahmenbedingungen und zeitlichen Abstimmungen sowie weitere Details näher erläutert werden. Hierbei wird noch empfohlen, ein sehr klares und ausführliches Anforderungsprofil zu gestalten. Je genauer und detaillierter die Agentur gebrieft ist, desto besser kann das Projekt auch umgesetzt werden.

13.2 Der Aspekt des Designs des Manuals

In diesem Kapitel geht es einerseits um das Grunddesign des Manuals und andererseits um die Visualisierung von Inhalten.

Mazda hat seit einiger Zeit europaweite CI-Richtlinien für die Umsetzung von Kommunikations- und Werbemaßnahmen. Diese Richtlinien gelten insbesondere für die Gestaltung von Werbe-Sujets, Prospektmaterialien und Internet. Seit kurzem gibt es für die Gestaltung neue Richtlinien, die ein jüngeres Auftreten der Marke und das Vermitteln des Zoom-Zoom-Feelings vermitteln soll. Zumal es für die Erstellung eines Modell-Neueinführungs-Manuals keine tatsächlichen gestalterischen Vorgaben gibt, erscheint es jedoch als sehr wichtig, gerade dieses Medium dafür zu nutzen, dem Händler ein Werk vorzulegen, das sich auch in punkto Gestaltung an die neuen Richtlinien hält. Es soll damit eine gewisse Vorbildwirkung erreicht werden.

Der zweite Aspekt des Designs betrachtet die Visualisierung von Inhalten. Ein Leitfaden für Modell-Neueinführungen vermittelt auf mehr als fünfzig Seiten Inhalte, die nicht gerade den Lustigkeitsgrad eines Comics oder eines lustigen Buchs haben. Aus diesem Grund wird empfohlen, die Inhalte lebendig zu gestalten. Dies ist zweifelsohne Aufgabe der Grafik, die jedoch dementsprechend gebrieft werden muss.

Die Inhalte müssen einerseits an die gestalterischen Richtlinien angepasst werden, andererseits sollen sie durch Hervorhebungen von wichtigen Textpassagen, kurzen Zusammenfassungen und durch jeweils zum Kapitel passende Bilder aufgewertet werden. Jede einzelne Seite soll dem Leser das Gefühl geben, die Inhalte sprechen mich an, sie betreffen mich, ich fühle mich berufen, sie auch aktiv umzusetzen.

Das Corporate Launch Manual sollte idealerweise aus einem Ordner mit einem Register und Einlageblättern bestehen. Man sollte sich für einen Ordner entscheiden, da dieser ständig mit aktualisierten Unterlagen erweitert werden kann. Zur grafischen Umsetzung des Manuals ist im Anhang ein gestalterischer Vorschlag angeführt.

13.3 Die Kommunikation mit den Beteiligten

Spätestens während der grafischen und produktionstechnischen Umsetzung der Agentur sollten der Außendienst der Firma Mazda und alle Mazda-Händler detailliert über das Projekt informiert werden. Dies sollte in mindestens zwei Phasen vor sich gehen.

In der ersten Phase sollte der Außendienst über das Projekt und die weitere Vorgehensweise informiert werden. Es wird empfohlen, dies im Rahmen einer kleinen Tagung abzuhalten. Hierbei sollte dem Außendienst die Wichtigkeit des Leitfadens vermittelt werden. Dieser sollte ebenfalls darüber informiert werden, dass er als Bindeglied zwischen Importeur und Händler mit der Aufgabe betraut wird, die Umsetzung aktiv zu fördern und zu kontrollieren.

In einer weiteren Phase soll das Manual den gesamten österreichischen Händlern vorgestellt werden. Hierzu würde sich eine regionale oder auch nationale Tagung eignen. Bei dieser Tagung soll dem Händler ebenfalls die Wichtigkeit einer einheitlichen Kommunikationsstrategie vermittelt werden und wie dies mit Hilfe des Leitfadens für Modell-

Neueinführungen möglich wäre. Jeder einzelne Händler soll dahingehend sensibilisiert werden, sich mit dem Thema näher zu beschäftigen. Am Ende der Tagung soll jedem einzelnen Besucher ein Manual ausgegeben werden mit dem Hinweis, dass sich die jeweiligen Gebietsleiter diesbezüglich mit jedem einzelnen Händler nochmals gesondert über die Inhalte und deren Umsetzung unterhalten werden.

13.4 Die Phase der Implementierung

Nach der Ausgabe der Manuals sollte jeder Händler die Möglichkeit haben, weitere Exemplare für seinen Betrieb zu bestellen. In der ersten Phase der Implementierung sollte der Händler sich mit dem neuen Manual vertraut machen und Unklarheiten mit Mazda abklären.

In der zweiten Phase geht es um die Prüfung des Händlers der bisherigen Aktivitäten bei Modell-Neueinführungen seines Betriebes und um die aktive Umsetzung der neuen Aktivitäten.

Durch die aktive Umsetzung der Händler soll damit auch getestet werden, inwieweit das Manual benutzerfreundlich ist und tatsächlich bei den einzelnen Aktivitäten eine Hilfestellung bietet. Aus den gewonnenen Informationen, die von den Händlern selbst an Mazda kommuniziert werden sollten, und dem Feedback des Außendiensts sollen Verbesserungsvorschläge für Erweiterungen und Neuauflagen einfließen. Konstruktive Kritik sollte als Basis für Optimierung und Verbesserung stehen.

14 Empfehlung an die Mazda Austria GmbH

14.1 Resultate der Untersuchung

Die nachfolgende Aufstellung soll einen Überblick über die Ausgangssituation und die erarbeiteten Vorschläge geben. Sie zeigt die Maßnahmen, die zur Erreichung des Zielkataloges notwendig waren.

Ausgangssituation / Problemstellung
Mazda-Händler ist für die Durchführung und Gestaltung einer Modell-Neueinführung eigenverantwortlich, dadurch oft überfordert
Keine klaren Vorgaben und nur geringe unterstützende Hilfsmaterialien für Mazda-Händler bei Modell-Neueinführungen
Uneinheitliche und unkoordinierte Auftritte der Mazda-Händler
Teilweise unklare Linie und Struktur für Modell-Neueinführungen
Unstrukturierte und undetaillierte Händler-Arbeitsunterlagen für Modell-Neueinführungen
Kein geeignetes Instrumentarium zur Vereinheitlichung von Modell-Neueinführungen

Was wurde erarbeitet?
Die Idee eines Corporate Launch Manuals zur Gewährleistung eines einheitlichen Kommunikationsauftrittes der Händler bei Modell-Neueinführungen wurde geboren
Der Aufbau des Corporate Launch Manuals, auch Modell-Neueinführungs-Leitfaden genannt, wurde erstellt, Untergliederung in drei Hauptbereiche des Manuals
Die Inhalte der Hauptbereiche wurden definiert
Die Inhalte und Maßnahmen der einzelnen ersten zwei Hauptbereiche wurden ausformuliert,
Vorschläge eingebracht und beschrieben
Für den dritten Hauptbereich wurde ein System der übersichtlichen Darstellung zur Verwendung verschiedener Checklisten entworfen
Einzelne Checklisten für die einzelnen Phasen einer Modell-Neueinführung wurden erstellt
Vorschläge für eine Modell-Neueinführung wurden aufgezeigt

Implementierungsvorschläge des Manuals in der Mazda-Organisation wurden erarbeitet

Eine Kostenabschätzung für die Durchführung des Projekts wurde abgegeben

14.2 Kostenschätzung

Für die Umsetzung des Manuals gelten primär alle Kosten, die sich von der kreativen Leistung bis hin zur tatsächlichen Produktion erstrecken. Alle variablen Kosten, Integration in eine Händlertagung sowie der Beratungsaufwand des Außendienstmitarbeiters, ist je nach Intensität und Aufwand zu veranschlagen. Folgende Aufstellung beinhaltet die Produktionskosten-Einschätzung für das Corporate Launch Manual in Form eines Ordners vierfärbig mit Register und Einlageblättern, teilweise zwei- bzw. vierfärbig. Für die Erstauflage wurde eine Menge von 500 Stück für die Produktion empfohlen.

Kosteneinschätzung

Objekt	Pro Ordner	Stückzahl in Summe	Preis per Stück	Summe
Ordner	1	500	5	2.500
Register	13	6.500	0,34	2.200
Einlägeblätter	60	30.000	0,18	5.500
Manuelles einordnen	73	36.500	0,02	800
Layout / Gestaltung	-	-	-	4.500
Diverse Agenturleistungen	-	-	-	1.500
				17.000

Somit würde sich ein Stückpreis von rund 34 Euro ergeben. Es wird empfohlen, sich für jedes ausgegebene Manual einen Umkostenbeitrag einzubehalten. Dieser Betrag sollte 50 Prozent der tatsächlichen Kosten sein, bei einer richtigen Kosteneinschätzung würde sich daraus ein Händlerbeitrag von 17 Euro pro ausgegebenen Manual ergeben.

14.3 Empfehlungen

Folgendes Kapitel betrachtet die Empfehlungen an die Mazda Austria GmbH, die aus der bearbeiteten Thematik resultieren. Die ausgeführten Punkte sind für die Umsetzung des Corporate Launch Manuals nicht zwingend notwendig, werden jedoch als sehr empfehlenswert eingestuft, um einerseits eine einheitliche Kommunikation vom Händler zum Kunden während einer Modell-Neueinführung zu gewährleisten und andererseits die Marke Mazda zu stärken, das Fremdbild zu verbessern und schlussendlich das Image der Marke Mazda zu erhöhen.

Den folgenden Empfehlungen sind laufende Empfehlungen aus den Kapiteln 9 bis 13 vorgegangen, die auch in diesem Kapitel eine Niederschrift finden. Somit befassen sich nachstehende Punkte nicht mit Inhalten, sondern mehr mit Vorschlägen, die als Basis für weitere Überlegungen, strategische Ausrichtungen und Entscheidungen herangezogen werden können.

Die Empfehlungen werden in vier Hauptteile untergliedert, die sich wie folgt darstellen:

Erstens: generelle Überlegungen zur Verbesserung der Händleraktivitäten

Zweitens: Empfehlungen in Bezug auf das Manual, den Aufbau und die Inhalte

Drittens: Empfehlungen mit Bezug auf die von den Händlern durchgeführten Einführungsveranstaltungen

Viertens: Empfehlungen zur Implementierung und Weiterführung des Manuals

Überlegungen zu einer Verbesserung der Händleraktivitäten bei Modell-Neueinführungen

Es wurde festgestellt, dass eine Vereinheitlichung der Händleraktivitäten von Modell-Neueinführungen zu einer Verbesserung eines einheitlichen Kommunikationsauftritts führen kann. Es wird jedoch empfohlen, nicht einen Weg mit fixen Standards vorzugeben, sondern Vorschläge aufzuzeigen, die mit einem gewissen Grad von Eigeninterpretationen und eigenem Handlungsspielraum umgesetzt werden sollten. Daraus ergeben sich folgende Empfehlungen:

- Einführung eines Händlerleitfadens für Modell-Neueinführungen
- Inhalte sollten allgemeiner Natur sowie konkrete Aktivitäten und unterstützende Maßnahmen seitens Mazda Austria beinhalten, wie in Kapitel 11 und 12 beschrieben
- Der Händlerleitfaden sollte allgemein gehalten werden und für jede Modell-Neueinführung anwendbar sein
- Modellspezifische Informationen in Bezug auf eine Modell-Neueinführung sollten dem Händler gesondert zur Verfügung gestellt werden

- Kontrolle der Händleraktivitäten seitens Mazda Austria zur Gewährleistung eines einheitlichen Gesamtauftritts

Das Corporate Launch Manual

In Bezug auf eine Vereinheitlichung der Händleraktivitäten von Modell-Neueinführungen wurde festgestellt, dass eine Arbeitsunterlage in Form eines Händlerleitfadens als geeignet erscheint. Folgende Empfehlungen ergeben sich daraus:

- Sofortige Umsetzung der Einführung des erarbeiteten Corporate Launch Manuals
- Basis für das Manual soll ein Ordner mit Register- und Einlageblättern sein
- Fix vorgefertigte Reden, Pressetexte und Mailings für das jeweils neu einzuführende Modell den Händlern als Erweiterung des Manuals zur Verfügung stellen
- Jährliche Modell-Übersichtslisten und Aktivitätenpläne als Erweiterung des Manuals an die Händler weitergeben
- Feedback und Erfahrungswerte der Händler in Bezug auf die Handhabung des Manuals nützen und in Updates umsetzen

Einführungsveranstaltung

Es wurde festgestellt, dass eine Einführungsveranstaltung das Herz einer Modell-Neueinführung darstellt. Dementsprechend sollte sie genau geplant, organisiert und durchgeführt werden. In dieser Phase trifft den Importeur eine wichtige Rolle, die Händler zu motivieren, um die eigenen Vorstellungen flächendeckend zu realisieren. Daraus ergeben sich folgende Empfehlungen:

- Mazda gibt ein Motto für die Einführungsveranstaltung vor und reicht dieses den Händlern als Ausgangspunkt für alle weiteren Überlegungen weiter
- Alle Haupthändler haben mindestens eine Einführungsveranstaltung zu organisieren und durchzuführen, idealerweise in Kooperation mit den Sub-Händlern – in Summe wären dies rund 80 Einführungsveranstaltungen pro neuen Modell österreichweit
- Ein Beispiel für ein Veranstaltungskonzept soll von Mazda vor jeder Modell-Neueinführung den Händlern zur Verfügung gestellt werden

- Die erarbeiteten Konzepte, dafür kann auch eine externe Agentur herangezogen werden, müssen bei Mazda eingereicht werden. Neben dem Konzept sollten auch ein Follow-up sowie Fotos der Veranstaltung eingereicht werden, die einen Einfluss auf die Bewertung haben sollten.
- Als Anreiz für eine gute Einführungsveranstaltung sollten im Nachhinein Preise für die jeweils besten Autohäuser mit der attraktivsten Einführungsveranstaltung verlost werden. Der Hauptpreis sollte das neue Mazda-Modell sein. Die Plätze zwei und drei könnten Reisen für zwei Personen sein, wobei Reisen in eines der Mazda-Werke einen hohen Anreiz darstellen sollten.

Implementierung und Weiterführung

Wie auch bereits beschrieben wurde, ist nach einer Implementierung eine Weiterführung des Manuals notwendig, um die kommunikativen Ziele weiter durchzusetzen und die Händler auf dem aktuellen Stand zu halten. Aus diesem Grund werden folgende Punkte vorgeschlagen:

- Vorstellung des Corporate Launch Manuals den Außendienstmitarbeitern
- Vorstellung des Corporate Launch Manuals den Händlern im Rahmen einer regionalen oder nationalen Händlertagung und anschließende Ausgabe des Manuals an die Händler
- Einzelgespräche mit den Händlern zur Abklärung weiterer Vorgehensweise, durchgeführt von den jeweiligen Außendienstmitarbeitern
- Kontrolle der Umsetzung der gesetzten Aktivitäten der einzelnen Händler durch den Außendienst
- Updates von Modell-Einführungsplänen, Pressetexten, Reden und Mailings den Händlern zur Verfügung stellen und dafür sorgen, dass diese auch umgesetzt werden
- Das von den Händlern gewonnene Feedback für weitere Schritte mit einfließen lassen

14.4 Die Vorteile der kreativen Umsetzung für die Mazda Austria

Die Vorteile der kreativen Umsetzung des Corporate Launch Manuals liegen für die Mazda Austria eindeutig darin, dass dadurch eine importeursseitige Gewährleistung einer durchgängigen Kommunikationslinie zum

Kunden hin aufgebaut werden kann. Des Weiteren bietet das Manual dem Händler eine unterstützende Arbeitsunterlage, die wiederum ständig aktualisiert wird. Beschriebene Anreize für den Händler bei einer Einführungsveranstaltung sollen Mazda Austria gewährleisten, dass ein neues Modell auch flächendeckend in einem entsprechenden Umfeld der Öffentlichkeit vorgestellt wird. Eine damit verbundene Festigung der Marke Mazda und eine Erhöhung des Markenimage können davon abgeleitet werden.

15 Persönliches Resümee

Die vorliegende Untersuchung behandelt die Erstellung eines Konzepts zur Vereinheitlichung der kommunikativen Maßnahmen bei einer Modell-Neueinführung seitens der Händler. Gemäß der Zielsetzung wurde ein Konzept erarbeitet, das sowohl die Erstellung eines Modell-Neueinführungsleitfadens beinhaltet als auch die Umsetzung, Implementierung und eine Weiterführung. Für die Einhaltung der gesetzten Ziele und Termine waren die Verwendung eines straffen Zeitplans und die Einhaltung des erstellten Projektplans sehr zielführend.

Es wurde erkannt, dass es unabdingbar ist, einen Leitfaden für Modell-Neueinführungen einzuführen, um importeurseitige Interessen durchzusetzen, eine Gewährleistung einer einheitlichen Kommunikation bei Modell-Neueinführungen zu erreichen und dem Händler die zu setzenden Aktivitäten aufzuzeigen und nötige Hilfestellungen zur Verfügung zu stellen.

Durch eine aktive Verwendung des Leitfadens durch den Händler und die Zusammenarbeit sowie Motivation durch Mazda Austria kann man eine Steigerung einer einheitlichen Kommunikation während der Phase einer Modell-Neueinführung und auch darüber hinaus erreichen. Daraus resultiert die Erkenntnis, dass es notwendig ist, jedem Händler diese Wichtigkeit zu vermitteln und klar zu machen, dass letztlich der Erfolg der Marke und der Erfolg seines Betriebes von der Umsetzung gewisser kommunikativer Aktivitäten abhängen.

Welche Form eines Manuals auch immer angewendet wird, erscheint es als wichtig, die Inhalte transparent und einfach verständlich zu übermitteln. Einfache Grafiken und Hilfestellungen sollen dem Leser die notwendige Hilfe bereiten und ihn bei der Umsetzung unterstützen.

Für weitere Unternehmen, die sich mit der Vereinheitlichung von Modell- oder Produkt-Neueinführungen beschäftigen, ergibt sich aus der vorliegenden Untersuchung Folgendes: Die Vereinheitlichung von Einführungsaktivitäten und die dazugehörigen Hilfestellungen zur Umsetzung, angelehnt oder gekoppelt an ein Corporate Identity Konzept, könnten in Form eines Corporate Launch Manuals verfasst werden. Diese Form der Vereinheitlichung erscheint als sehr sinnvoll, ähnlich einem Corporate Design- oder Identity Manual. Es sei jedoch darauf zu achten, dass der Aspekt der verpflichtenden Umsetzung je nach Unternehmen und Branche individuell zu gestalten ist.

16 Projektplan

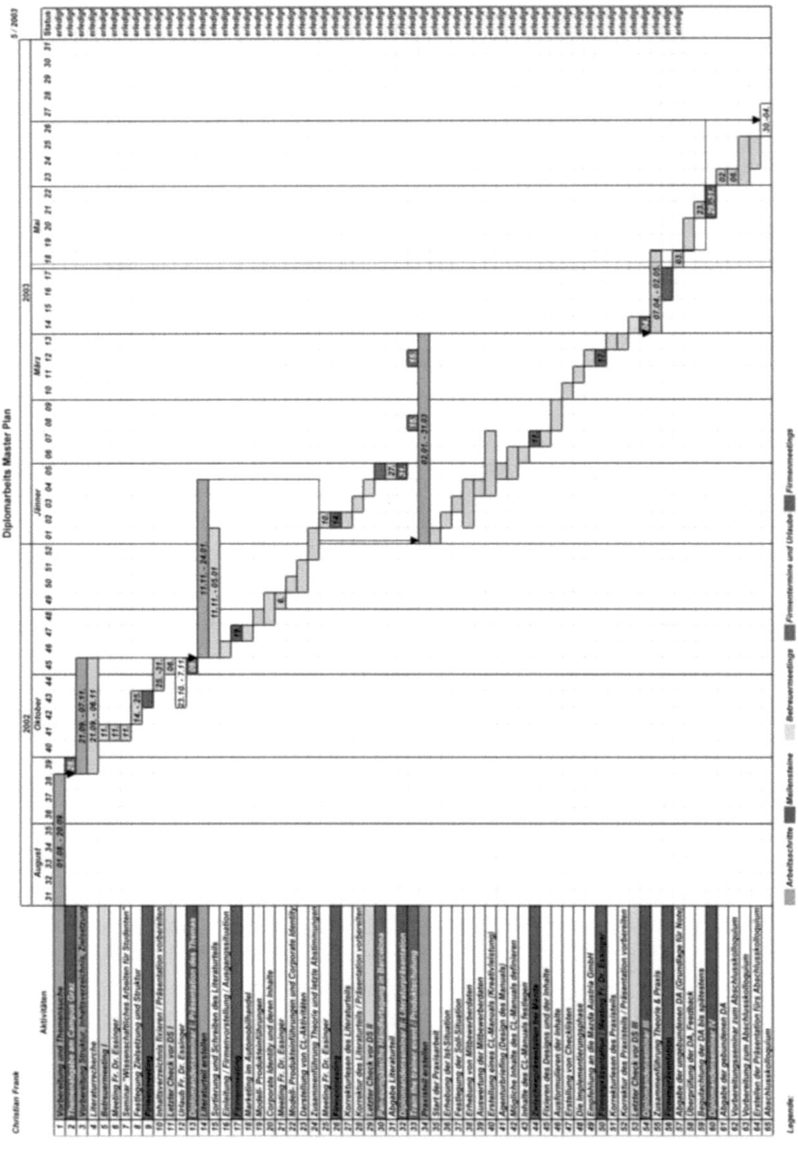

17 Literaturverzeichnis

Achterholt, Gertrud; Corporate Identity, 2. Aufl., Gabler-Verlag, Wiesbaden, 1991

Barthes, Roland; in: Automobilmarketing: erfolgreiche Strategien, praxisorientierte Konzepte, effektive Instrumente, herausgegeben von Diez, Willi; 4. Aufl., Moderne Industrie Verlag, Landsberg / Lech, 2000

Bauer, Guido; Berger, Hans; Das integrative Marketing am Beispiel des Audi TT in: Handbuch Produktmanagement, herausgegeben von Herrmann Albers, 1. Aufl., Gabler-Verlag, Wiesbaden, 2000

Birkigt, Klaus; Stadler, M. M.; Funck, H. J.; Corporate Identity, 10. Aufl., Moderne Industrie Verlag, Landsberg / Lech, 2000

Brachat, Hannes; Autohaus-Management 2000, 2. Aufl., Autohaus-Verlag, Ottobrunn, 1997

Brockhoff, Klaus; Produktpolitik, 4. Aufl., Lucius & Lucius-Verlag, Stuttgart, 1999

Büchelhofer, Robert; Markenführung im Volkswagen-Konzern im Rahmen der Markenstrategie, in: Marken-Management, herausgegeben von Meffert, Heribert; Burmann, Christoph; Koers, Martin; 1. Aufl., Gabler-Verlag, Wiesbaden, 2002

Call, Guido; Entstehung und Markteinführung von Produktneuheiten, 1. Aufl., Gabler-Verlag, Wiesbaden, 1997

Creutzig, Jürgen; Mittelfristige Entwicklungstendenzen im Automobilhandel, in: Wettbewerbsvorteile im Automobilhandel, herausgegeben von Reuss, Holger; 1. Aufl., Campus-Verlag, Frankfurt / Main, New York, 1995

Diez, Willi; Automobilmarketing: Erfolgreiche Strategien, praxisorientierte Konzepte, effektive Instrumente, 4. Aufl., Moderne Industrie Verlag, Landsberg / Lech, 2000

Diez, Willi; Globale Markenführung prägt Automobilvertrieb, in: Marketing Praxis (Jahrbuch), herausgegeben von Schmengler, Joachim; Fleischer, Arnulf; erscheint jährlich, Handelsblatt GmbH, Düsseldorf, 1998

Dudenhöffer, Ferdinand; Chancen und Risiken bei der Ausrichtung der Automobil-Vertriebswege für das Informationszeitalter, in: Alternative Vertriebswege, herausgegeben von Tomczak, Torsten; 1. Aufl., Schäfer-Pöschel-Verlag Stuttgart, Stuttgart, 1999

Fleischer, Helmut; Handelsnahe Werbekonzepte für den Automobilhersteller – Vision oder Praxis, in: Wettbewerbsvorteile im Automobilhandel, herausgegeben von Reuss Holger, 1. Aufl., Campus-Verlag, Frankfurt / Main, New York, 1995

Gebhardt, Winfried; Events, Soziologie des Außergewöhnlichen, 1. Aufl., Leske + Budrich-Verlag, Wuppertal, 2000

Haedrich, Günther; Tomczak, Torsten; Produktpolitik, 1. Aufl., Kohlhammer-Verlag, Stuttgart, 1996

Herbst, Dieter; Corporate Identity, 1. Aufl., Cornelsen-Verlag, Berlin, 1998

Herrmann, Albers; Handbuch Produktmanagement., 1. Aufl., Gabler-Verlag, Wiesbaden, 2000

Hünerberg, Reinhard; Internationales Automobilmarketing, 1. Aufl., Gabler-Verlag, Wiesbaden, 1995

Karmasin, Helene; Produkte als Botschaften, 1. Aufl., Ueberreuter-Verlag, Wien, 1998

Kotler, Philip; Armstrong, Gary; Marketing eine Einführung, Fachverlag an der WU, Wien, 1997

Kotler, Philip; Bliemel, Friedhelm; Marketing-Management – Analyse, Planung, Umsetzung, Steuerung, 2. Aufl., Schäfer-Pöschel-Verlag Stuttgart, Stuttgart, 1992

Kotler, Philip; Bliemel, Friedhelm; Marketing-Management, 9. Aufl., Schäfer-Pöschel-Verlag Stuttgart, Stuttgart, 1999

Kracke, Bernd; Crossmedia-Strategien, 1. Aufl., Gabler-Verlag, Wiesbaden, 2001

Matys, Erwin; Praxishandbuch Produktmanagement, 1. Aufl., Campus-Verlag, Frankfurt / Main, 2001

Meffert, Heribert; Marketing: Grundlagen marktorientierter Unternehmensführung, 8. Aufl., Gabler-Verlag, Wiesbaden, 1998

Möhrle, Martin; Prämarketing: Zur Einführung neuer Produkte, 1. Aufl., Gabler-Verlag, Wiesbaden, 1995

Olfert, Klaus; Marketing, 12. Aufl., Friedrich-Kiehl-Verlag, Ludwigshafen (Rhein), 1997

Olins, Wally; Corporate Identity, 1. Aufl., Campus-Verlag, Frankfurt / Main, 1990

Pepels, Werner; Kommunikations-Management, 3. Aufl., Schäffer-Poeschel-Verlag, Stuttgart, 1999

Pepels, Werner; Kompaktlexikon Produktmanagement, 1. Aufl., Oldenbourg-Verlag, München, 1999

Reuss, Holger; Wettbewerbsvorteile im Automobilhandel, 1. Aufl., Campus-Verlag, Frankfurt / Main, New York, 1995

Schmidt, Klaus; CI in Europa, 1. Aufl., Campus-Verlag, Frankfurt / Main, 1994

Tscheulin, Dieter K.; Helmig, Bernd; Branchenspezifisches Marketing, 1. Aufl., Gabler-Verlag, Wiesbaden, 2001

Zanger, Cornelia; Eventmarketing, in: Branchenspezifisches Marketing von Tscheulin, Dieter K.; Helmig, Bernd; 1. Aufl., Gabler-Verlag, Wiesbaden, 2001
Zentes, Joachim; Grundbegriffe des Marketing, 4. Aufl., Schäffer-Poeschel-Verlag, Stuttgart, 1996

Zeitschriften / sonstige Quellen

Dantine, Wilhelm; Fessel-GfK, in: Eurotax Auto-Info, Nr. 1.544, November 2000

Pöschl, Gerda; Waldbauer, Johanna; Statistik der Kraftfahrzeugs-Neuzulassungen, Jahresausgabe 2002, Verlag Statistik Österreich GmbH, Wien, 2002

Rosenhofer, Georg; Diesel-Triumph, in: Alles Auto, Heft 11. November 2002

Internetquellen:

Derstandard.at

URL: *http://derstandard.at/Archiv* (1. Dezember 2002)

Herbst, Dieter; Corporate Identity als ganzheitlicher Management-Prozess

URL: *www.vordenker.de* (19. November 2002)

Innodrom.de

URL: *www.innodrom.de/innovationsverstaendnis/markteinf.htm* (21. Oktober 2002)

18 Anhang

Checkliste	1
Generelle Planung	
Markteinführung Mazda .... Verantwortliche(r)	Datum ....
Verantwortliche Person für die Modell-Neueinführung festgelegt	☐ o.k.
Organisationsteam zusammengestellt 1. Person .... 2. Person .... 3. Person	☐
Kostenrahmen erstellt in Euro	☐
Einführungsmotto von Mazda übernommen	☐
Ziele der Einführung festgelegt — Bemerkung — Menge	☐
Aussendung Direktmail	☐
Kontakte Vorverkauf	☐
Verkäufe Vorverkauf	☐
Einführungsveranstaltung	☐
Neue Interessentenadressen	☐
Veröffentlichte Presseartikel	☐
....	☐
....	☐
....	☐
Einführungsprogramm auf Mazda-Motto abgestimmt und ausgearbeitet	☐
Zielgruppen definiert	☐
Programm entwickelt	☐
Termin- und Ablaufplan erstellt	☐
Alle Mitarbeiter gebrieft und über den Ablauf informiert	☐
Alle Mazda-Schulungen gebucht bzw. besucht	☐

Checkliste 2 / Vorverkauf

Checkliste			2
Vorverkauf			
Markteinführung Mazda	Verantwortliche(r)		Datum ....
Maßnahme	**Bemerkung**	**Anzahl**	**erledigt**
Schnellstarter-Käufer identifiziert			☐ o.k.
Schnellstarter-Käufer mit Mailing kontaktiert			☐
Schnellstarter-Käufer telefonisch kontaktiert			☐
Verkaufsangebote unterbreitet			☐
Neue Interessenten informiert und Angebot unterbreitet			☐
Ausgewählte Schnellstarter zur VIP-Veranstaltung eingeladen			☐
Alle Schnellstarter-Käufer zur Einführungsveranstaltung eingeladen			☐
Das neue Mazda-Modell auf die Firmen-Homepage gestellt			☐
Die ersten Mazda-Presseberichte erhalten			☐
Die ersten Presseberichte vermarktet			☐
Lokale Medien darüber informiert			☐
Alle Mitarbeiter top informiert und auf das neue Modell eingeschworen			☐
Nicht-Verkaufsmitarbeiter aktiv zum Vorverkauf eingeschworen			☐
Nach Erhalt des ersten Fahrzeuges alle Mitarbeiter kurz geschult			☐
Nach Erhalt des ersten Fahrzeuges spezielle Kunden zum „ersten Kontakt“ eingeladen			☐

Checkliste 3 / Vorverkauf – Direkt-Mailing

Checkliste			3
Vorverkauf	**Direkt-Mailing**		
Markteinführung Mazda	Verantwortliche(r)		Datum ....
Maßnahme	**Bemerkung**	**Anzahl**	**erledigt**
Ziel des Mailings definiert			☐ o.k.
Das Motto und Gestaltung von Mazda für das Mailing übernommen			☐
Zielgruppen fürs Mailing definiert			☐
Text fürs Mailing erstellt / gegebenenfalls Mazda-Vorlage			☐
Zeitpunkt der Aussendung festgelegt			☐
Adressen aus eigener Datenbank generiert			☐
Adressen zugekauft			☐
Mailing gestalten			
- Das Mailing zeigt Qualität			☐
- Der Umschlag verspricht etwas Besonderes			☐
- Persönliche Anrede			☐
- Adresse mit Vor- und Zuname			☐
- Ausreichend mit Porto versehen			☐
- Veranstaltungstermin genannt, Hauptbotschaft steht im Mittelpunkt			☐
- Angebote für Neuwagen, Service, Finanzierung oder Leasing			☐
- Hinweis auf Unterhaltungsprogramm und Verköstigung			☐
- Aufforderung zu kommen			☐
- Anmeldekarte			☐
- Firmenlogo, Adresse und Mazda-Logo nicht vergessen			☐
- Unterlagen fertig erstellt und versenden			☐

Checkliste 4 / Vorverkauf – Rede (Einführungsveranstaltung)

Checkliste		4
Vorverkauf	**Rede (Einführungsveranstaltung)**	
Markteinführung Mazda	Verantwortliche(r)	Datum ....
Maßnahme	**Bemerkung**	**erledigt**
Motto der Rede erarbeitet		☐ o.k.
Ziel der Rede herausgearbeitet		☐
Rede mit Hilfe der Mazda-Vorlage erstellt		☐
Externen Moderator beauftragt		
Rede und Doppelkonversation mit Moderator abgesprochen		
Sie sind Sie selbst		
Frontal zum Publikum stehen		
Arme nie verschränken		
Gerade und lockere Körperhaltung		
Natürliche Gestik und Mimik bewahren		
Blickkontakt zu den Teilnehmern		
Klare Sprache, nicht gekünstelt nach der Schrift		
Angemessenes Tempo		
Wichtiges hervorheben und betonen		
Fließend sprechen		
Für Beiträge und Bemerkungen bedanken		
Die ersten zwei Sätze auswendig lernen		
Rede in Gedanken mehrmals durchgehen		
Generalprobe nicht vergessen		

Checkliste 5 / Vorverkauf – Optischer Gesamteindruck

Checkliste		5
Vorverkauf	**Optischer Gesamteindruck**	
Markteinführung Mazda	Verantwortliche(r)	Datum ....

Maßnahme	**Bemerkung**	**erledigt**
Baulichen Zustand des Betriebes überprüft		☐ o.k.
Der Betrieb erfreut sich innen als auch außen eines neuen Anstrichs		☐
Pylon gereinigt, Beleuchtung überprüft		☐
Beschriftung gereinigt, Beleuchtung überprüft		☐
Hinweistafel gecheckt, ggf. aufgestellt		☐
Alte Schaufensterkleber entfernt		☐
Neue Schaufensterkleber angebracht		☐
Neuwagen beklebt		☐
Parkplätze als solche markiert		☐
Grünflächen, Pflanzen, Sträucher auf Vordermann gebracht		☐
Aktuelle Fahnen aufgehängt		☐
Betriebgelände gereinigt		☐
Schrott und andere für die Gesamtoptik nicht förderliche Dinge entfernt		☐
Bei Schneefall Betriebsgelände vom Schnee befreit und Autos ausgeschaufelt		☐
Alle am für den Verkauf bestimmten Fahrzeuge innen und außen gereinigt und mit den Mazda-Preistafeln ausgezeichnet		☐
Beleuchtung des Schaufensters überprüft		☐
Schaufenster dekoriert		☐
Fingerabdrücke an Scheiben, Türen, Spiegeln täglich entfernen		☐

Checkliste 6 / Einführung / Vorbereitung – Veranstaltung

Checkliste				6
Einführung		**Vorbereitung - Veranstaltung**		
Markteinführung Mazda		Verantwortliche(r)		Datum ....
Maßnahme		**Bemerkung**		**erledigt**
Messen und andere Veranstaltungen für eine Modell-Neueinführung geprüft				☐ o.k.
Ort und Räumlichkeiten festgelegt				☐
Versicherung / Genehmigungen eingeholt				☐
Sponsoren / Partner gewonnen				☐
Rahmenprogramm festgelegt				☐
- Begrüßung / Reden	☐ -	- Licht und Ton	☐	
- Präsentation	☐	- Gewinnspiel / Give-Aways	☐	
- Showeinlagen	☐	- Verabschiedung der Gäste	☐	
- Musikalische Untermalung	☐			
- Kinderprogramm	☐	- Generalprobe	☐	
- Dekoration	☐	- Videos	☐	
Einladungen versendet an VIPs, Kunden und Presse				☐
Rückmeldungen erhalten				☐
Einladungen telefonisch nachgefasst				☐
3 bis 5 Tage vor der Veranstaltung die Gäste an die Veranstaltung erinnern				☐
Catering organisiert und gebrieft				☐
Kinderbetreuung / Künstler / Redner / Musiker / Alleinunterhalter organisiert				☐
Enthüllungstuch besorgt				☐
Fotograf / Kameramann organisiert				☐

Checkliste		7
Einführung	**Einführungsveranstaltung**	
Markteinführung Mazda	Verantwortliche(r)	Datum ....
Maßnahme	**Bemerkung**	**erledigt**
Prospekte und andere verkaufs-unterstützende Unterlagen angeliefert		☐ o.k.
Alle von Mazda zur Verfügung stehenden Werbemittel bestellt und angeliefert (siehe Werberundschreiben)		☐
POS-Material angeliefert und dekoriert		☐
Sonderangebote herausgehoben		☐
Gute Gebrauchte vorne positioniert		☐
Teile und Zubehör präsentieren		☐
Fahrzeuge beklebt und ausgeschildert		☐
Teststrecke und Beifahrer festgelegt		☐
Verpflegung und Abräumen organisiert		☐
Externes Personal bereitgestellt		☐
Personalplanung abgeschlossen		☐
Kleidungs- / Verhaltensregeln erstellt		☐
Namensschilder / Visitenkarten vorbereitet		☐
Bestuhlung / Tische / Garderobe		☐
Getränke- / Verpflegungslisten		☐
Parkplätze organisiert		☐
Wegbeschreibungen und Hinweistafeln		☐
Mediaplan für Anzeigen / HF / TV / COOP / Plakat / HP erstellt, Extra bestellt		☐

Checkliste 8 / Nachbearbeitung

Checkliste		8
Nachbearbeitung		
Markteinführung Mazda	Verantwortliche(r)	Datum ....
Maßnahme	**Bemerkung**	**erledigt**
Interessentenadressen erfasst		☐ o.k.
Nächste Schritte zur Interessenten-bearbeitung sind festgelegt		☐
Telefonische Terminvereinbarung		☐
Schriftliches Angebot		☐
Probefahrt-Termin		☐
Maßnahmen im Autohaus verteilt		☐
Adressen in Datenbank eingepflegt		☐
Veranstaltung ausgewertet		☐
Verbesserungen und nächste Schritte festgelegt		☐
Kostenkontrolle durchgeführt		☐
Fotos der Veranstaltung auf Firmen-Homepage gestellt und Besucher darüber informiert		☐
Erste Pressefahrzeuge an lokale Presse übergeben		☐
Medienberichte gesammelt und ausgewertet		☐

Bewertung der Modell-Neueinführung

- Teambesprechung einberufen
- Gemeinsam vereinbarte Ziele erreicht
- Wie war das Echo der Veranstaltung? ....
  ....
- Schlüsse für die nächste Veranstaltung ....

Checkliste 9 / Nachbearbeitung – Direkt-Mailing

Checkliste		9
Nachbearbeitung	**Direkt-Mailing**	
Markteinführung Mazda	Verantwortliche(r)	Datum ....
Maßnahme	**Bemerkung**	**Erledigt**
Nachfassen des Mailings, folgende Punkte klären: - Hat Empfänger Mailing erhalten, wenn nicht, nochmals zusenden - Interesse an einer Probefahrt - Termin vereinbaren und Unterlagen vorab zusenden - Wenn kein Interesse, dann fragen, ob Empfänger zu einem späteren Zeitpunkt nochmals kontaktiert werden möchte		☐ o.k.
Datenbank mit Rücksendungen abgleichen		☐
Neue Adressen in Datenbank speichern		☐
Wie viele Adressen wurden angeschrieben?		☐
Wie viele Retouren (verzogen, verstorben, ... sind gekommen?		☐
Wie viele Personen haben direkt auf das Mailing reagiert?		☐
Wie viele per Telefon, Fax oder E-Mail?		☐
Bei wie vielen Nichtreagierern wurde telefonisch nachgefasst?		☐
Wie vielen konnten Sie Informationsmaterial zusenden?		☐
Mit wie vielen konnten Sie einen Termin für eine Probefahrt vereinbaren?		☐
Wie viele Probefahrten wurden aus dem Mailing generiert?		☐
Wie viele Kaufabschlüsse konnten Sie durch das Mailing erzielen?		☐
Wie war die Gewichtung eigener und zugekaufter Adressen?		☐

Layoutvorschlag für die Mappe und ein Innenblatt